普通高等教育"十四五"系列教材

Python 程序设计案例教程

主　编　毛锦庚　钟肖英　周贤来　李　超

副主编　甘　宏　萧裕中　刘　蕙　欧卫红

水利水电出版社

waterpub.com.cn

北京·

内 容 提 要

本书主要介绍 Python 的运行环境、基本语法、程序基本结构、组合数据类型、函数、文件、数据库编程、网络爬虫等，知识完整、实用性强，讲解基础知识的同时，还介绍使用 Python 进行数据爬取的方法。本书由高校一线教师编写完成，精选大量教学案例，浅显易懂，条理清晰，既有详细的流程图，又有对代码的具体讲解，以便帮助学生更好地掌握相关知识。

本书既可作为高等院校、高等职业技术院校、中职院校以及各类培训机构的专用教材，也可以供 Python 语言爱好者自学和计算机相关专业技术人员参考。

图书在版编目（CIP）数据

Python程序设计案例教程 / 毛锦庚等主编. -- 北京：中国水利水电出版社，2022.8
普通高等教育“十四五”系列教材
ISBN 978-7-5226-0839-6

Ⅰ. ①P… Ⅱ. ①毛… Ⅲ. ①软件工具－程序设计－高等学校－教材 Ⅳ. ①TP311.561

中国版本图书馆CIP数据核字(2022)第121241号

策划编辑：陈红华　责任编辑：陈红华　加工编辑：王玉梅　封面设计：梁　燕

书　名	普通高等教育“十四五”系列教材 Python 程序设计案例教程 Python CHENGXU SHEJI ANLI JIAOCHENG
作　者	主　编　毛锦庚　钟肖英　周贤来　李　超 副主编　甘　宏　萧裕中　刘　蕙　欧卫红
出版发行	中国水利水电出版社 （北京市海淀区玉渊潭南路 1 号 D 座　100038） 网址：www.waterpub.com.cn E-mail：mchannel@263.net（万水） sales@mwr.gov.cn 电话：（010）68545888（营销中心）、82562819（
经　售	北京科水图书销售有限公司 电话：（010）68545874、63202643 全国各地新华书店和相关出版物销售网点
排　版	北京万水电子信息有限公司
印　刷	三河市鑫金马印装有限公司
规　格	184mm×260mm　16 开本　11.25 印
版　次	2022 年 8 月第 1 版　2022 年 8 月第
印　数	0001—2000 册
定　价	39.00 元

前　　言

Python 是一种面向对象的解释型计算机程序设计基础语言，由荷兰人吉多·范罗苏姆（Guido van Rossum）于 1989 年发明。Python 第一个版本于 1991 年公开发行。Python 的设计理念是优雅、简单、明确，它强调语法的简洁性和代码的可读性。Python 通过自动缩进划分层次结构，从而使 Python 代码清晰明了。Python 具有非常良好的可扩展性，提供了海量的标准库和第三方库，能够用于小规模程序设计，处理计算量大的矩阵，进行数据分析、图形分析等。

计算机程序设计基础是高等院校普遍开设的核心课程，传统的 C 语言需要掌握的细节非常繁杂。随着大数据、物联网智能时代的到来，Python 语言以其简单易学的特点和丰富的数据处理功能得到了广泛应用。因此，Python 语言已经成为一种重要的程序设计语言，适合初学者学习和使用。

本书由高校一线教师编写完成，注重保持知识的系统性和完整性，精选大量教学案例，浅显易懂，条理清晰，既有详细的流程图，又有对代码的具体讲解。书中教学案例提供相应的源代码和习题答案，方便教学。

本书共分 10 章，主要内容如下：

第 1 章主要介绍 Python 的发展过程、特点、编程环境的软件安装和使用方法。

第 2 章主要介绍 Python 的编码规则、变量的声明及使用、基本数据类型、运算符的使用。

第 3 章主要介绍 Python 程序的基本控制结构、常用算法及输入函数 input()和输出函数 print()的使用。

第 4 章主要介绍字符串、列表、元组、集合、字典的相关知识和应用。

第 5 章主要介绍函数的定义和调用方法、参数传递的多种方式、嵌套函数的使用方法、lambda 函数的使用方法、变量的作用域。

第 6 章主要介绍面向对象程序设计，类、继承和多态。

第 7 章主要介绍 Python 输入/输出和文件的应用以及相关函数。

第 8 章主要介绍 GUI 编程以及事件响应

第 9 章主要介绍数据库编程、SQLite 应用。

第 10 章主要介绍网络爬虫，简易爬虫撰写、将爬取的数据存入数据库等相关应用。

本书由毛锦庚、钟肖英、周贤来、李超担任主编，甘宏、萧裕中、刘蕙、欧卫红担任副主编。具体编写分工如下：第 1、4 章由毛锦庚编写，第 2、3 章由周贤来编写，第 5 章由刘蕙编写，第 6、7 章由甘宏编写，第 8 章由李超编写，第 9、10 章由萧裕中编写，全书由钟肖英统稿。此外部分编写工作由欧卫红老师完成。

由于编者学识水平有限，书中难免存在疏漏和不足之处，敬请广大读者批评指正。

编　者

2022 年 4 月

目　录

第 1 章　Python 语言概述

Python 由荷兰计算机科学和数学研究学会的吉多·范罗苏姆（Guido van Rossum）于 1989 年设计，替代 ABC 教学语言的产品。Python 提供较高效的高级数据结构，并且能有效地面向对象编程。Python 的语法和动态类型，以及其解释型语言的特点，使它成为大多数平台上编写脚本和快速开发应用的语言，随着版本的不断升级和语言新功能的添加，Python 逐渐用于独立和大型项目的开发。

Python 解释器便于扩展，可以使用 C++或 C 扩展新的功能和数据类型。Python 也常用作可定制化软件中的扩展程序语言。Python 具有丰富的标准库，提供了能够适用于各个主要系统平台的机器码或源码。

本章学习重点：

- Python 语言的特点
- Python 3.8 安装和配置方法
- PythonIDLE 入门
- PyCharm 编程环境
- Anaconda 环境

1.1　Python 语言的定义和特点

1.1.1　Python 语言的定义

Python 语言是一种解释型、面向对象、动态数据类型的高级程序设计语言，具有非常清晰的语法，适用于各种操作系统，可以在 UNIX 和 Windows 等操作系统中运行。Python 在数据分析中得到越来越多的应用，且可以完成很多任务，功能强大。

Python 是全球最受欢迎的程序设计语言之一。自 2004 年以来，Python 的使用率呈线性增长。Python 2 于 2000 年 10 月 16 日发布，稳定版本是 Python 2.7。Python 3 于 2008 年 12 月 3 日发布，不完全兼容 Python 2。2019 年 8 月 PYPL 编程语言排行榜 Python 排名第一。

由于 Python 语言简洁、易读以及可扩展，在国内外用 Python 做科学计算的研究机构日益增多，目前国内外高校都已经采用 Python 来教授程序设计课程。例如卡耐基梅隆大学的计算机编程基础、麻省理工学院的计算机科学及编程导论就应用 Python 讲授。众多开源的科学计算软件包都提供了 Python 的调用接口，例如著名的计算机视觉库OpenCV、三维可视化库 VTK、医学图像处理库 ITK。而 Python 专用的科学计算扩展库就更多了，例如 NumPy、Pandas 和 matplotlib 这 3 个十分经典的科学计算扩展库，它们分别为 Python 提供了快速数组处理、数据分析以及绘图功能。因此 Python 语言及其众多的扩展库所构成的开发环境十分适合科研人员处理实验数据、制作图表，甚至开发科学计算应用程序。

1.1.2 Python 语言的特点

Python 是结合了编译性、解释性、互动性和面向对象的高层次脚本语言。Python 的设计具有强大的可读性，相比其他语言经常使用英文关键字，更有特色。

（1）简单易学：Python 是一种代表极简主义思想的编程语言，阅读一个完美的 Python 程序时就像在阅读英语一样。Python 最大的优势在于其伪代码的本质，在开发的时候关键以解决问题为主，并不需要明白语言本身。

（2）面向对象：Python 既是面向对象的编程，又是高级语言。与其他主要语言如 C++和 Java 相比，Python 是以一种非常强大并且简单的方式来实现面向对象的编程。

（3）可移植性：由于 Python 具有开源本质，因此可以被移植到许多的平台上。例如 Windows、UNIX、Macintosh、Solaris、OS/2、Amiga、AROS、AS/400 等，Python 都可以很好地运行在其中。

（4）解释性：Python 语言编写的程序不需要编译成二进制的代码，可以直接运行源代码。在计算机内部，Python 解释器将源代码转换成字节码（Byte Code）的中间形式，可以直接翻译运行。

（5）开源：Python 语言是开源的。学习和使用 Python 不再是孤军奋战，你可以自由发布这个软件的拷贝，阅读源代码，对它进行改动，用于新的自由软件之中。

（6）高级语言：Python 更是一门高级编程语言，在使用 Python 编写程序的时候，不需要考虑如何管理程序内存这一类的细节问题。

（7）可扩展性：如果想要更快地运行一段关键代码，或者希望某些算法不公开，可以部分程序选择用 C 语言进行编写，然后在 Python 程序中使用。

（8）丰富的库：Python 具有非常强大的标准库，可以协助处理各种工作。其中正则表达式、GUI、文档生成、单元测试、多线程、数据库、网页浏览器、CGl、FTP、电子邮件等，这些功能都能自动使用，所以 Python 语言功能十分强大。

（9）规范代码：在使用 Python 书写代码的时候采用自动强制缩进的方式，从而让代码具有非常好的可读性。

1.2 Python 开发环境的安装

除了应用于 Windows 平台，Python 还可应用于多种平台，包括 Linux 和 Mac OS。Python 的最新源码、二进制文档、新闻资讯等可以在 Python 的官网查看，Python 官网网址是 http://www.python.org/。

1.2.1 安装要求

内存：4GB 或以上。系统：64 位，Windows 7 或以上（Linux/Mac OS 也可以）。

1.2.2 Python 环境

Python 是一款免费开源软件，有很多版本，主要分为 Python 2.x 和 Python 3.x 两个版本系列，这两个版本系列的语法并不兼容，我们学习肯定是用更新的 Python 3.x 系列，目前最新的版本是 Python 3.10.5，但是并不建议安装 Python 3.10.5，建议使用 3.8.3 版本，因为这样的版本相对更稳定且相应第三方库的支持更及时。由于 Python 基础环境提供的功能非常简单，在使用时一般需要安装大量第三方库，建议入门学习者使用 Python 的集成发行版本——Anaconda，它里面集成了很多 Python 常用的第三方库，这免去了入门学习者安装库的烦恼。同时在学习过程中我们会用到一个很强大的代码编辑器——PyCharm，所以请您将它也装好。

1.2.3　Python 3.8.3 安装过程

（1）在官网下载安装包：官网网址为https://www.python.org/，进入官网后选择 DownLoads→Windows；下载的是 3.8.3 版本，如图 1-1 所示。

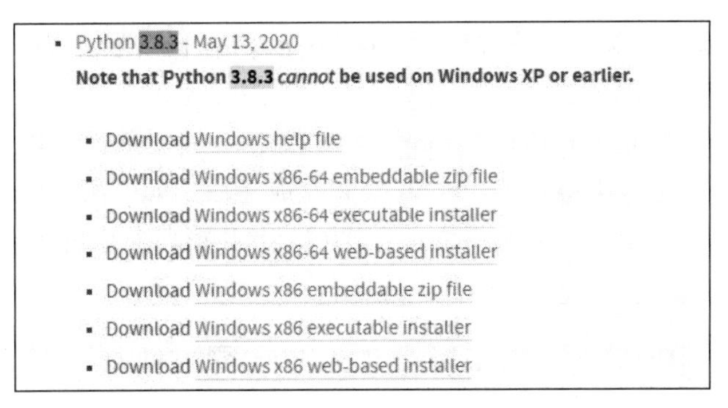

图 1-1　下载 Python 安装包

（2）安装 Python：可根据需求选择默认安装或自定义安装，如图 1-2 所示，一定要勾选 Add Python 3.8 to PATH 复选框，自动添加环境变量，按向导提示完成安装。

图 1-2　Python 系统安装界面

（3）选择“开始”菜单，输入 cmd，按 Enter 键，进入 cmd 编程环境，输入 python，若显示如图 1-3 所示，则表示安装成功。

```
C:\Users\m9906>python -V
Python 3.8.3 :: Anaconda, Inc.
```

图 1-3　显示安装成功界面

1.3 IDLE 编程环境

IDLE 是 Python 软件包自带的一个开发环境，特别适合 Python 编程的初学者。当安装好 Python 后，IDLE 就会自动安装好，不需要另外安装。同时，使用 EditPlus 和 Eclipse 这个强大的框架时 IDLE 也可以非常便捷地调试 Python 程序。用户可以将其看作一个用于编程的文字处理器，但它能做的事情不止是编写、保存、编辑那么简单。IDLE 基本功能包括语法加亮、段落缩进、基本文本编辑、Tab 键控制、调试程序。

1.3.1 IDLE 的工作模式

IDLE 提供了两种工作模式：交互模式（interactive mode）和脚本模式（script mode）。

1. 通过交互模式进行编程

最简单的方式是以交互模式启动Python。在该模式中，编程者告诉Python要做什么，Python就会立即给出响应，所见即所得。在 Python 安装完成之后，可以在“开始”菜单中选择 IDLE 命令，这样就启动了一个交互式会话界面——IDLE Shell 窗口，如图 1-4 所示。

```
Python 3.8.3 Shell
File Edit Shell Debug Options Window Help
Python 3.8.3 (tags/v3.8.3:6f8c832, May 13 2020, 22:37:02) [MSC v.1924 64 bit (AMD64)] on win32
Type "help", "copyright", "credits" or "license()" for more information.
>>> 1+2
3
>>> print("我终于学会了Python!")
我终于学会了Python!
>>> |
```

图 1-4 IDLE Shell 窗口

与很多程序设计语言的学习一样，我们学习的第一个 Python 程序语句是从 hello world 开始的。在命令提示符（>>>）后面输入 print("Hello world")并按下 Enter 键，解释器就会在屏幕上输出结果，如图 1-5 所示。这是我们第一个 Python 程序的运行结果。

```
Python 3.8 (64-bit)
Python 3.8.3 (tags/v3.8.3:6f8c832, May 13 2020, 22:37:02) [MSC v.1924 64 bit (AMD64)] on win32
Type "help", "copyright", "credits" or "license" for more information.
>>> print("hello world")
hello world
>>> print("世界那么大，我要学Python! ")
世界那么大，我要学Python!
>>>
```

图 1-5 解释器输出结果

2. 通过脚本模式进行编程

交互模式能让用户所见即所得。但如果想创建一个程序并将其保存起来以便今后还可以再执行的话，交互模式就不太适合了。因此 Python 的 IDLE 还提供了一种脚本模式，在该模式下，可以编写、编辑、加载以及保存程序，它就好像是一个代码的文字处理器。事实上，确实可以用上一些快捷功能，比如查找和替换、剪切和粘贴等。

单击 File→NewFile 可以创建一个新的 Python 脚本文件，在该文件中编写 Python 程序，如图 1-6 所示。

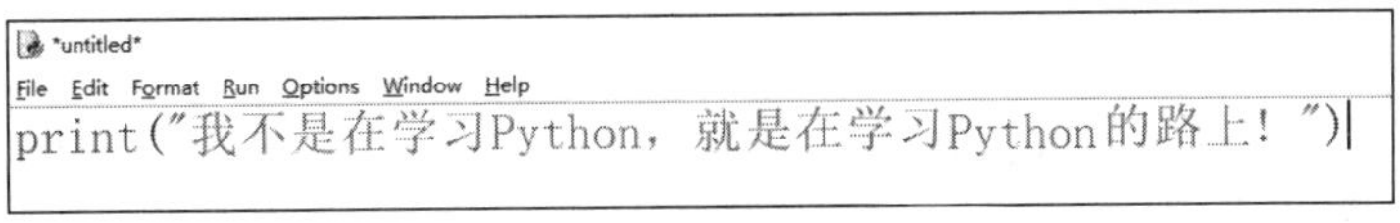

```
*untitled*
File Edit Format Run Options Window Help
print("我不是在学习Python，就是在学习Python的路上！")
```

图 1-6　脚本编程界面

在 Run 菜单项的下拉菜单中选择 Run Module 命令或者按下 F5 键运行程序，结果如图 1-7 所示。

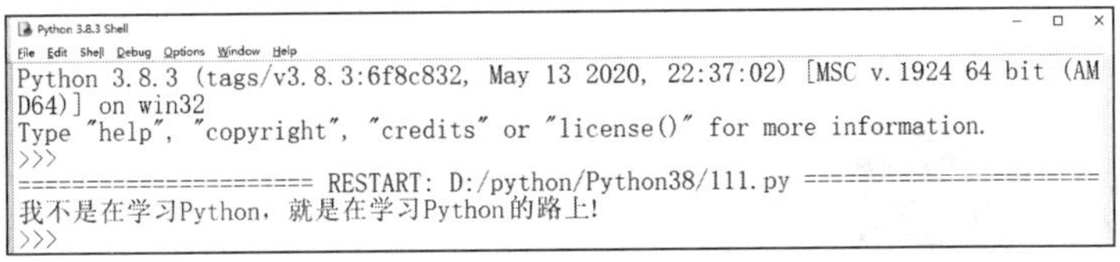

```
Python 3.8.3 Shell
File Edit Shell Debug Options Window Help
Python 3.8.3 (tags/v3.8.3:6f8c832, May 13 2020, 22:37:02) [MSC v.1924 64 bit (AM
D64)] on win32
Type "help", "copyright", "credits" or "license()" for more information.
>>>
===================== RESTART: D:/python/Python38/111.py =====================
我不是在学习Python，就是在学习Python的路上！
>>>
```

图 1-7　程序输出结果

1.3.2　使用 IDLE 的调试器

IDLE 为用户提供了调试器，帮助开发人员查找错误。利用调试器可以分析被调试程序的数据，并监视程序的执行流程。调试器的功能包括暂停程序运行、检查及修改变量、调用方法且不更改程序代码等。

使用 IDLE 的调试器进行程序调试的步骤如下：

（1）在 Debug 菜单项的下拉菜单中选择 Debugger 命令，就启动了 IDLE 的交互式调试器，这时 IDLE 会打开 Debug Control 窗口，如图 1-8 所示。

（2）在 Shell 中打开想要调试的 py 文件，选中需要进行调试的代码行，单击右键，在弹出的菜单中选择 SetBreakpoint 命令设置断点位置，选择 Clear Breakpoint 命令可以取消断点设置，如图 1-9 所示。

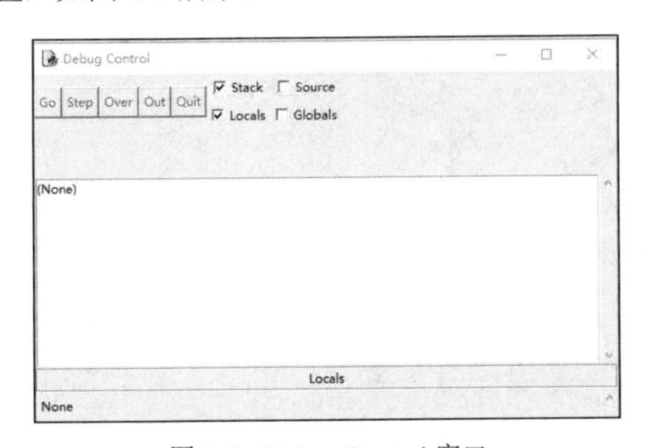

图 1-8　Debug Control 窗口

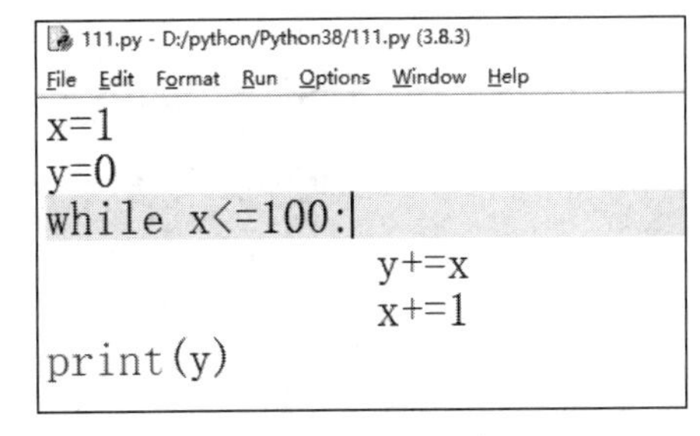

图 1-9　设置断点

（3）在需要调试的 py 文件窗口中，在 Run 菜单项的下拉菜单中选择 Run Module 命令或者按下 F5 键运行文件，就可以进入调试过程了（略）。

1.4　PyCharm 编程环境

PyCharm 是一款 Python IDE，它是由 Jetbrains 出品的产品，带有一整套可以帮助用户在使用 Python 语言开发时提高其效率的工具，比如调试、语法高亮、Project 管理、代码跳转、智能提示、自动完成、单元测试、版本控制等。此外，该 IDE 提供了一些高级功能，以用于支持 Django 框架下的专业 Web 开发。

（1）PyCharm 下载地址为 https://www.jetbrains.com/zh-cn/pycharm/promo/。

PyCharm 是 Python 的一个编辑器，用它进行代码编辑可提高工作效率。

PyCharm 分为专业版和社区版，使用社区版即可满足我们需要，如图 1-10 所示。

图 1-10 PyCharm 软件下载

（2）安装下载的 PyCharm 文件。

按向导提示操作，勾选相关选项，完成安装，如图 1-11 所示。

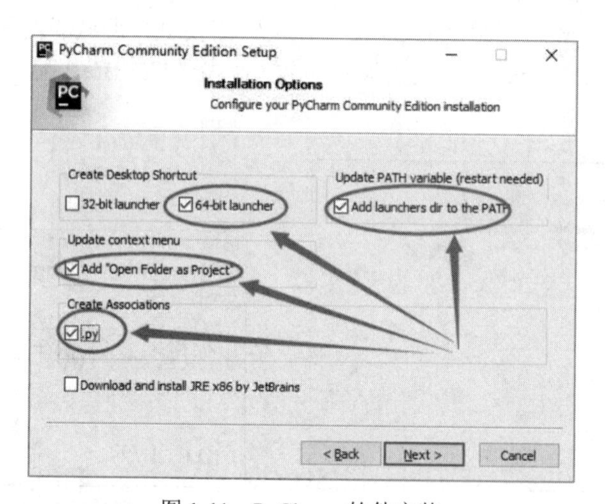

图 1-11 PyCharm 软件安装

（3）运行 PyCharm，创建工程，并创建 Python 文件。

安装完成后单击 Create New Project 进入 PyCharm 主界面，如图 1-12 所示。

单击 File→Settings 并搜索 Theme 后进入 Appearance 对话框，将 Theme 下拉菜单中的 Darcula 改为 Intellij 可以将界面由黑色系改为浅色系，如图 1-13 所示。

单击 File→Settings→Editor→Color Scheme→Console Font 可以更改代码的字体及其大小和行距，如图 1-14 所示。

图 1-12　PyCharm 主界面

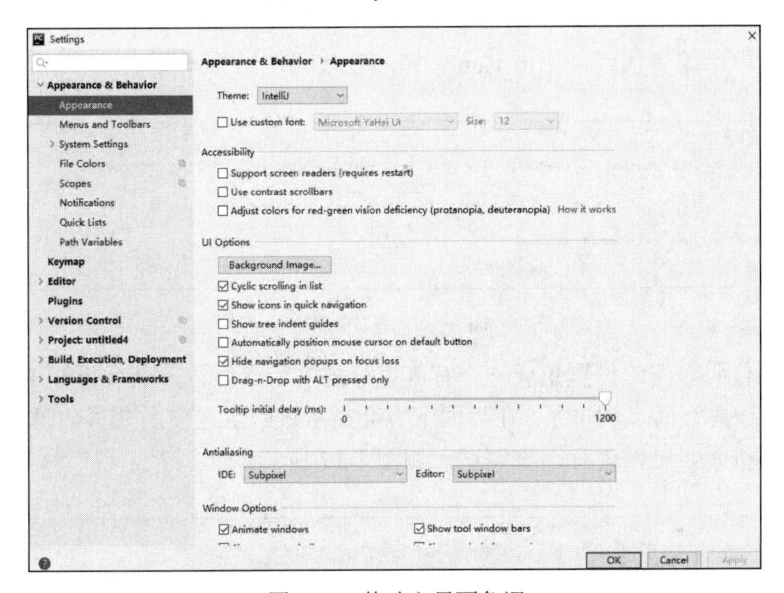

图 1-13　修改主界面色调

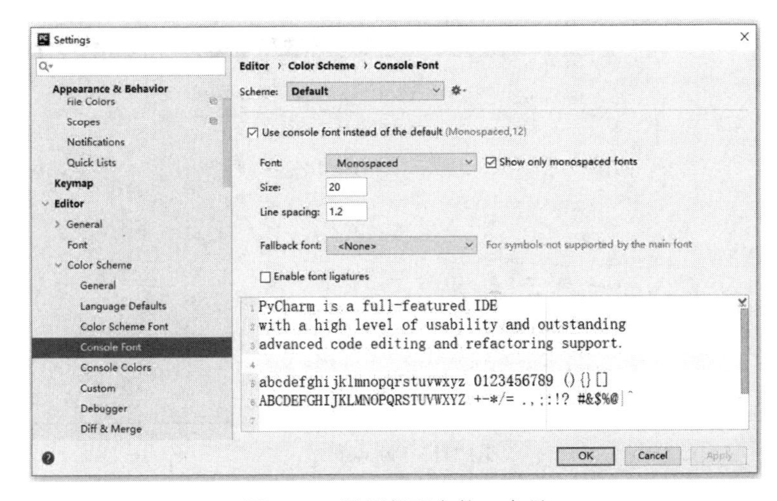

图 1-14　设置代码字体、字号

单击 File→New Project→Pure Python 选择 Create 命令，就可以创建一个 Python 文件，如图 1-15 示。

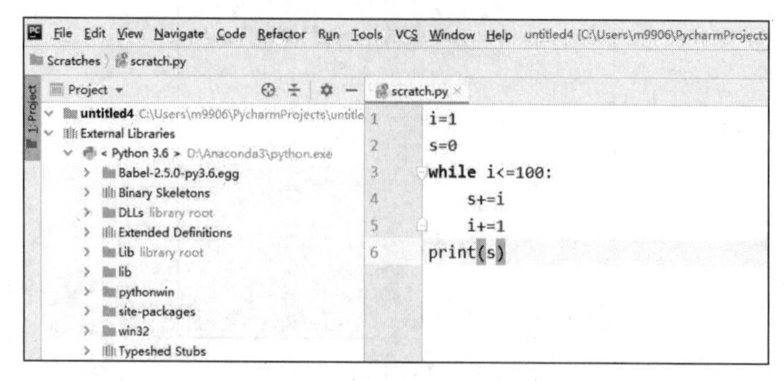

图 1-15 创建新 Python 文件

在代码编辑框中编辑代码，单击 Run 按钮运行代码，结果如图 1-16 所示。

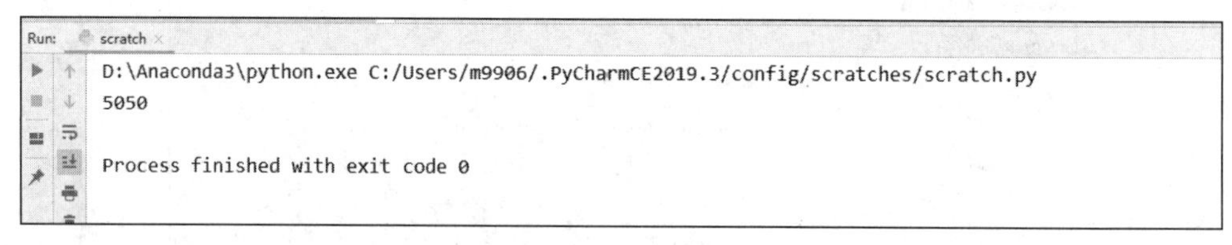

图 1-16 运行结果

单击行号和代码之间的位置生成一个有红色标志的断点位置，然后执行 Run 菜单项下的 Debug 命令就可以进行断点调试了。在界面下方会显示该断点之前的变量信息。单击窗口中间部分的三角箭头按钮，可以进行逐步调试，如图 1-17 所示。

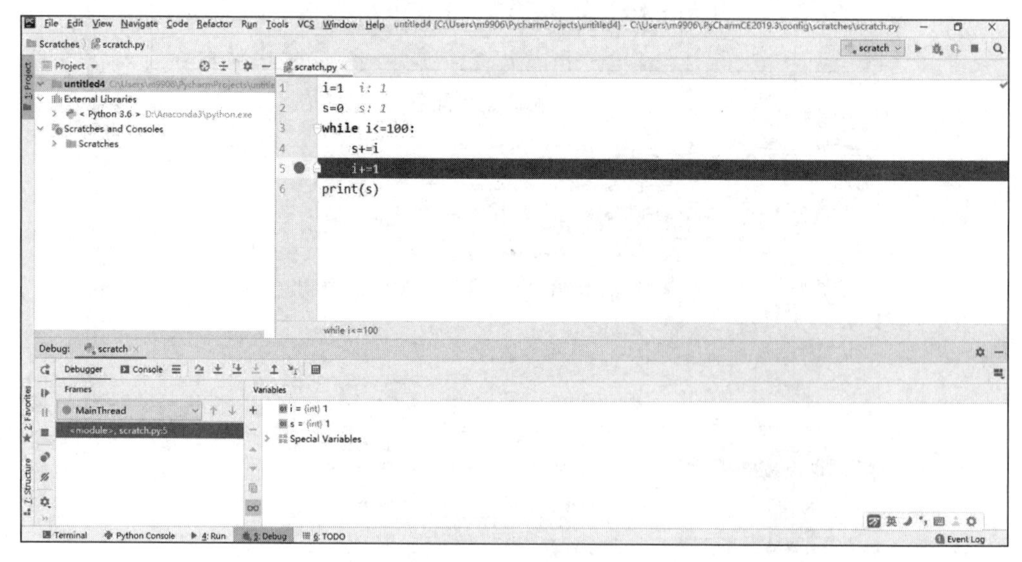

图 1-17 断点测试

习题 1

一、选择题

1．Python 语言属于（　　）。
　A．高级语言　　B．汇编语言　　C．机器语言　　D．低级语言
2．下列选项中，属于 Python 特点的是（　　）。
　A．面向对象　　B．运行效率低　　C．可读性差　　D．不开源
3．Python 程序文件的扩展名是（　　）。
　A．.python　　B．.pyth　　C．.py　　D．.pn
4．以下叙述中不正确的是（　　）。
　A．Python 3.x 与 Python 2.x 不兼容
　B．Python 语句不仅能以程序方式执行，还可以交互执行
　C．Python 是编译型语言
　D．Python 语言出现得晚，不具有其他高级语言的一切优点

二、简答题

1．简述 Python 语言的特点。
2．Python 常用的编程环境有哪些？

三、编写程序

编写一个 Python 程序，要求输入两个数，求出两个数的和，并输出结果。

第 2 章　Python 程序设计基础

Python 语言是一种解释型、交互式、面向对象的跨平台的语言。虽然其设计原则趋向简单化，关键字少，更贴近人的自然语言，但是也有基本语法和设计原则的。

本章学习重点：

- Python 基本语法（标识符、程序注释、代码块、基本输入和输出）
- 解释器
- 变量和数字类型（整型、浮点型、复数）
- 运算符与表达式

2.1　Python 基本语法

2.1.1　标识符

通俗地讲，标识符就是一个名字，变量、函数、类、模块以及其他对象的名称。Python 标识符命名规则如下：

- 第一个字符不能是数字，必须是字母表中的字母或下划线。
- 标识符由字母、数字和下划线组成。
- 标识符对大小写敏感。
- 标识符不能包含空格、@、% 以及 $ 等特殊字符。

在 Python 3.0 中，允许非 ASCII 的标识符，但关键字不能用作任何标识符。Python 提供标准库 keyword 模块，输入命令可以输出当前版本的所有关键字，如下所示：

```
>>> import keyword
>>> keyword.kwlist
['False', 'None', 'True', 'and', 'as', 'assert', 'async', 'await', 'break', 'class', 'continue', 'def','del', 'elif', 'else', 'except', 'finally', 'for', 'from', 'global', 'if', 'import', 'in', 'is', 'lambda', 'nonlocal', 'not', 'or', 'pass', 'raise', 'return', 'try', 'while', 'with', 'yield']
```

2.1.2　程序注释

程序注释是优秀程序员的良好习惯，恰当的注释不仅能备注程序实现的原理，帮助调试程序，方便理清和回顾思路，解释代码原理或者用途，还可以帮助学习者提高学习效率，更能标明作者和版权信息。Python 注释以#号开头，既可以单行注释也可以多行注释。#号既可以在单独一行，也可以在代码后面，#号后面的注释，不会在运行结果中显示。

【例 2-1】单行注释。实例代码如下：

```
#test2.1.py
#Python 注释
```

```
#第三个注释
print ("Hello, Python!") #第四个注释
```

以上程序运行结果为：

```
Hello, Python!
```

Python 中还可以使用多个#号、'''号或者"""号来进行多行注释。

【例 2-2】多行注释。实例代码如下：

```
#test2.2.py
#第一个注释
#第二个注释

'''
第三个注释
第四个注释
'''

"""
第五个注释
第六个注释
"""
print ("Hello, Python!")
```

以上程序运行结果为：

```
Hello, Python!
```

2.1.3 代码块

代码块是由代码构成的功能单元。Python 代码块可以是一个模块、一个函数、一个类、一个文件等。不同于 C++，Java 代码块，开始结束有明显的标识符号，如大括号（{}）。Python 独具特色地采用缩进表示代码块。缩进的空格数是可变的，但是同层代码块的语句必须使用相同的缩进空格数。我们建议输入一个 Backspace 键作为一个缩进，以免出错。

【例 2-3】代码块缩进。实例代码如下：

```
#test2.3.py
#缩进案例
age=int(input())
if age >= 18:
    print('adult')        #注释可以接在代码的后边，也可以单独一行
      print("恭喜")       #缩进不一致，会导致运行错误
elif age >= 6:
    print('teenager')
elif age >= 3:
    print('kid')
else:
    print('baby')
```

由于以上程序缩进不一致，执行后程序会提示以下错误：

```
File "<ipython-input-14-b3cb01412ff2>", line 7
    print("恭喜")       #缩进不一致，会导致运行错误
  IndentationError: unexpected indent
```

通常在 Python 中一行写完一条语句，但如果语句很长，可以使用反斜杠（\）来实现多行语句的输入，如下所示：

```
total = item_one + \
        item_two + \
        item_three
```

但如果是在[]、{}、或()中的多行语句，则不需要使用反斜杠（\），如下所示：

```
total = ['item_one', 'item_two', 'item_three',
         'item_four', 'item_five']
```

【例 2-4】分行写超过一行长度代码。

```
#test2.4.py
#代码长，一行写不完代码
#用反斜杠（\）来实现多行语句的输入
text='春天像刚落地的娃娃，从头到脚都是新的，\
它生长着。春天像小姑娘，花枝招展的，笑着，走着。\
春天像健壮的青年，有铁一般的胳膊和腰脚，领着我们上前去。'
print(text)

#在[]、{}、或()中的多行语句，则不需要使用反斜杠（\）
total=[1,2,3,
       4,5,6,
       7,8,9]
print(total)
```

以上程序运行结果为：

```
春天像刚落地的娃娃，从头到脚都是新的，它生长着。春天像小姑娘，花枝招展的，笑着，走着。
春天像健壮的青年，有铁一般的胳膊和腰脚，领着我们上前去。
[1, 2, 3, 4, 5, 6, 7, 8, 9]
```

【注意事项】如果长语句之间没有空格，第二行代码或文本需要顶格输入，否则，文本中间会有空格。

2.1.4 基本输出输入语句

Python 的基本输入输出，分别是 input()和 print()函数。input()函数接收用户的键盘输入，print()函数按指定的格式输出。print()函数默认输出是换行的，如果要实现不换行，需要添加 end=""参数。如果想每行输出有间隔，建议在引号中再添加一个空格，即 end=" "

【例 2-5】输入输出语句。实例代码如下：

```
#test2.5.y
#代码长，一行写不完代码
#用反斜杠（\）来实现多行语句的输入
#屏幕输入
x=input("输入第一个字母：")
y=input("输入第二个字母：")
z=input("输入第三个字母：")
#换行输出
print(x)
```

```
print(y)
print(x)
#不换行输出
print(x,end=" ")
print(y,end=" ")
print(z,end=" ")
```

以上程序运行结果为：

```
输入第一个字母：a
输入第二个字母：dd
输入第三个字母：ccc
a
dd
a
a dd ccc
```

2.2　使用解释器

Python 是解释型语言，计算机在执行 Python 语言时，需要将 Python 语言（通俗地理解为.py 文件）翻译成计算机 CPU 能听懂且能执行的机器语言。Python 解释器本身就是一个程序。解释器由一个编译器和一个虚拟机构成，编译器负责将源代码转换成字节码文件，而虚拟机负责执行字节码。

所谓，解释型语言其实也有编译过程，只不过这个编译过程并不是直接生成目标代码，而是中间代码（字节码），然后再通过虚拟机来逐行解释执行字节码，因此具有效率低、非独立性（依赖解释器）、跨平台性好的特点。

在 Linux/UNIX 的系统中一般默认的 Python 版本为 2.x。可以将 Python 3.x 安装在/usr/local/python3 目录中。安装完成后，将路径/usr/local/python3/bin 添加到 Linux/UNIX 操作系统的环境变量中，这样就可以通过 shell 终端输入下面命令，启动 Python 3.x，如下所示：

```
$ PATH=$PATH:/usr/local/python3/bin/python3        #设置环境变量
$ python3 --version
Python 3.8.9
```

同样，在 Windows 系统中，假设 Python 安装在目录 C:\python3，可以通过以下命令来设置 Python 的环境变量，也可以单击屏幕最左下角 Windows 图标→计算机→鼠标右键→属性→高级系统设置→环境变量→新建 path，或者，单击屏幕最左下角 Windows 图标，直接查找环境变量，添加路径。

```
set Path=%Path%;C:\python3X （X 是你的 Python 版本）
```

2.2.1　交互式编程

可以在命令提示符下输入“python3”命令来启动 Python 解释器，如下所示：

```
$ python3
```

执行以上命令后出现如下窗口信息：

```
$ python3
Python 3.4.0 (default, Apr 11 2014, 13:05:11)
```

```
[GCC 4.8.2] on linux
Type "help", "copyright", "credits" or "license" for more information.
>>>
```

在 Windows 系统中，设置了环境变量，在命令行输入 python 命令，直接看到 Python 提示符。在 Python 提示符中输入以下语句：

```
print ("Hello, Python!");
```

然后按回车键查看运行效果，以上命令执行结果如下：

```
Hello, Python!
```

2.2.2 脚本式编程

在 Linux/UNIX 系统中，在脚本顶部添加以下命令可以让 Python 脚本像 shell 脚本一样直接执行。

```
#! /usr/bin/env python3
```

然后修改脚本权限使其有执行权限，命令如下：

```
$ chmod +x hello.py
```

执行以下命令：

```
./hello.py
```

输出结果为：

```
Hello, Python!
```

在 Windows 系统中，将以下代码复制至 hello.py 文件中。

```
print ("Hello, Python!");
```

依照以下步骤操作：

（1）在 Windows 命令行输入 cmd，进入 DOS 命令窗口。

（2）输入 cd 命令转到存储 Hello.py 文件的目录，例如 Hello.py 文件放在 c:\data 目录下面，则输入命令 cd c:\data。

（3）输入命令 python Hello.py 执行该脚本，输出结果为：

```
Hello, Python!
```

具体步骤如图 2-1 所示。

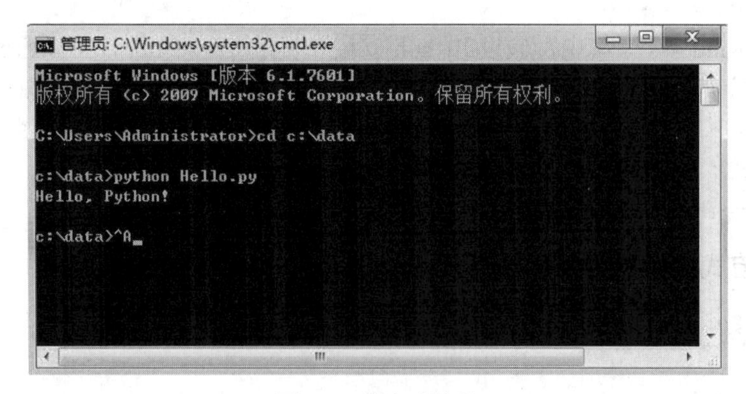

图 2-1 脚本式编程

2.3　变量和数字类型

2.3.1　常量

所谓常量，指在程序运行过程中不会改变的量。Python 未提供如 C/C++/Java 一样的 const 修饰符，Python 没有常量。为了达到提示效果，一般约定俗成变量名以全大写的形式来表示这是一个常量。例如：

NAME = ' tony'（本质还是变量）

2.3.2　变量

Python 中的变量不需要像 C/C++/Java 一样必须声明变量类型，因此在 Python 中，变量就是变量，没有类型。但每个变量在使用前都必须被创建和赋值。用等号连接变量名称和变量值的过程就是变量创建和变量赋值的过程。内存中会专门开辟一段空间，用来存放变量的值，而变量名将指向这个值所在的内存空间。我们所说的“类型”是变量所指的内存中对象的类型，Python 解释器会根据语法和操作数决定对象的类型。

变量命令规范如下：

- 变量名只能是字母、数字或下划线的任意组合。
- 变量名的第一个字符不能是数字。
- 以下关键字不能声明为变量名。

```
>>> import keyword
>>> print(keyword.kwlist)
['False', 'None', 'True', 'and', 'as', 'assert', 'async', 'await', 'break', 'class', 'continue', 'def', 'del', 'elif', 'else', 'except', 'finally', 'for', 'from', 'global', 'if', 'import', 'in', 'is', 'lambda', 'nonlocal', 'not', 'or', 'pass', 'raise', 'return', 'try', 'while', 'with', 'yield']
```

我们建议，用有意义的字符命名变量。CostPrice、Cost_price都是容易识别的变量命名方式。

变量赋值规则如下：

- 等号（=）运算符用来给变量赋值，这个过程已经包含了变量的申明和定义过程。
- 等号（=）运算符左边是一个变量名，右边是存储在变量中的值。

【例 2-6】变量赋值。实例代码如下：

```
#test2.6.py
#Python 变量赋值
counter = 100                #整型变量
miles   = 1000.0             #浮点型变量
name    = "superman"         #字符串
print("变量 counter=",counter)
print ("变量 miles=",miles)
print ("变量 name=",name)
#变量 a，b，c 都赋值为 1
a = b = c = 6
print("变量 a=",a)
print("变量 b=",b)
print("变量 c=",c)
```

```
#变量 a，b，c 都赋值不同的值
a, b, c = 1, 2, "superman"
print("变量 a=",a)
print("变量 b=",b)
print("变量 c=",c)
```

以上程序运行结果为：

```
变量 counter= 100
变量 miles= 1000.0
变量 name= superman
变量 a= 6
变量 b= 6
变量 c= 6
变量 a= 1
变量 b= 2
变量 c= superman
```

Python 允许同时为多个变量赋相同的值。例如创建一个值为 6 的整型对象，此时，三个变量都被分配到相同的内存空间上，代码如下：

```
a = b = c = 6
```

还可以为多个对象赋多个不同的值。例如将两个整型对象 1 和 2 分别分配给变量 a 和 b，字符串对象 superman 分配给变量 c，代码如下：

```
a, b, c = 1, 2, "superman"
```

2.3.3 数据类型

1. Python 的数据类型

Python 中有 6 个标准的数据类型：Number（数字）、String（字符串）、List（列表）、Tuple（元组）、Set（集合）和 Dictionary（字典）。在本章中只阐述数字类型，其他类型将在第 3 章中详细阐述。这六个数据类型可以划分为不可变数据和可变数据两类，分别为：

（1）不可变数据（3 个）：Number（数字）、String（字符串）、Tuple（元组）。

（2）可变数据（3 个）：List（列表）、Dictionary（字典）、Set（集合）。

2. Python 的数字类型

Python 支持 3 种不同的数字类型，即整型、浮点型和复数，其中：

- 整型（int）：通常被称为整型或整数，是不带小数点的正或负整数。Python 3 整型是没有限制大小的，可以当作 long 类型使用，所以 Python 3 没有 Python 2 的 long 类型。在日常生活中，整型经常用于计数，如商品的数量。需要注意的是，Python 3 可以使用十六进制和八进制来代表整数。
- 浮点型（float）：浮点型由整数部分与小数部分组成，浮点型也可以使用科学计数法表示（$2.5e2 = 2.5\times10^2 = 250$）。
- 复数（complex）：复数由实数部分和虚数部分构成，可以用 a + bj 或者 complex(a,b) 表示，复数的实部 a 和虚部 b 都是浮点型。

内置函数 type()可以查询变量所指对象的类型。

【例 2-7】用 type()函数查询变量类型。实例代码如下：

```
#test2.7.py
#用函数 type()查询变量所指对象的类型
```

```
a, b, c, d ,e,f,g= 18, 5.7, True, 5+6j,'Good',0xA0F,0o34
#0xA0F 为十六进制，0o34 为八进制
print(type(a),type(b),type(c),type(d),type(e),type(f),type(g))
```

以上程序运行结果为：

```
<class 'int'> <class 'float'> <class 'bool'> <class 'complex'> <class 'str'> <class 'int'> <class 'int'>
```

2.3.4　数字类型转换

Python 对数字类型进行转换，只需将数字类型作为函数名即可，如：

（1）int(x) 将 x 转换为一个整数。

（2）float(x) 将 x 转换为一个浮点数。

（3）complex(x) 将 x 转换为一个复数，实数部分为 x，虚数部分为 0。

（4）complex(x, y) 将 x 和 y 转换为一个复数，实数部分为 x，虚数部分为 y。x 和 y 是数字表达式。

例如将浮点数变量 a 转换为整数。

【例 2-8】数字类型转换。实例代码如下：

```
#test2.8.py
#数字类型转换
print(float(8))
print(int(8.18))
print(int(-8.8))
print(complex(8.18))
print(complex(8))
print(complex(8.18,5))
```

以上程序运行结果为：

```
8.0
8
-8
(8.18+0j)
(8+0j)
(8.18+5j)
```

2.4　运算符和优先级

2.4.1　运算符

运算是对数字进行加工，运算的形式由运算符决定，例如在 1+2=3 中，1 和 2 称为运算量，“+”称为运算符，1+2 称为表达式。Python 支持算术运算符、比较（关系）运算符、赋值运算符、位运算符、逻辑运算符、成员运算符、身份运算符，本章重点介绍各类运算符及运算符优先级。

1. 算术运算符

Python 中包含的算术运算符及意义见表 2-1。

表 2-1 算术运算符及意义

运算符	描述	实例
+	加：两个对象相加	a + b 输出结果 21
-	减：得到负数或是一个数减去另一个数	a - b 输出结果 -1
*	乘：两个数相乘或是返回一个被重复若干次的字符串	a * b 输出结果 110
/	除：x/y 即 x 除以 y	b / a 输出结果 1.1
%	取模：返回除法的余数	b % a 输出结果 1
**	幂：x**y 即返回 x 的 y 次幂	a**b 输出结果为 10 的 11 次方
//	取整除：返回商的整数部分	7//2 输出结果 3；9.0//2.0 输出结果 3

注：假设变量 a 为 10，变量 b 为 11。

【例 2-9】算术运算符和运算。实例代码如下：

```
#test2.9.py
#算术运算符和运算
a=10
b=11
print("a+b=",a+b)
print("a-b=",a-b)
print("a*b=",a*b)
print("b/a=",b/a)
print("b%a=",b%a)
print("a**b=",a**b)
print("7//2=",7//2)
```

以上程序运行结果为：

```
a+b= 21
a-b= -1
a*b= 110
b/a= 1.1
b%a= 1
a**b= 100000000000
7//2= 3
```

2. 比较运算符

比较运算要求变量之间可以比较大小。Python 中包含的比较运算符及意义见表 2-2。

表 2-2 比较运算符及意义

运算符	描述	实例
==	等于：比较对象是否相等	(a == b) 返回 False
!=	不等于：比较两个对象是否不相等	(a != b) 返回 True
>	大于：x>y 即返回 x 是否大于 y	(a > b) 返回 False
<	小于：x<y 即返回 x 是否小于 y	(a < b) 返回 True

续表

运算符	描述	实例
>=	大于等于：x>=y 即返回 x 是否大于等于 y	(a >= b) 返回 False
<=	小于等于：x<=y 即返回 x 是否小于等于 y	(a <= b) 返回 True

注：假设变量 a 为 10，变量 b 为 20。所有比较运算符返回 1 表示真，返回 0 表示假。这分别与特殊的变量 True 和 False 等价。注意这些变量名的字母大小写。

【例 2-10】比较运算符和运算。实例代码如下：

```
#test2.10.py
#比较运算符和运算
a=10
b=20
print("a==b",a==b)
print("a!=b",a!=b)
print("a>b",a>b)
print("a<b",a<b)
print("a>=b",a>=b)
print("a<=b",a<=b)
```

以上程序运行结果为：

```
a==b False
a!=b True
a>b False
a<b True
a>=b False
a<=b True
```

3. 赋值运算符

Python 中包含的赋值运算符及意义见表 2-3。

表 2-3　赋值运算符及意义

运算符	描述	实例
=	简单的赋值运算符	c = a + b 将 a + b 的运算结果赋值给 c,c=30
+=	加法赋值运算符	c += a 等效于 c = c + a,c=40
-=	减法赋值运算符	c -= a 等效于 c = c – a,c=30
*=	乘法赋值运算符	c *= a 等效于 c = c * a,c=300
/=	除法赋值运算符	c /= a 等效于 c = c / a,c=3.0
%=	取模赋值运算符	c %= a 等效于 c = c % a,c=0
**=	幂赋值运算符	c **= a 等效于 c = c ** a ,c=0

注：假设变量 a 为 10，变量 b 为 20。

【例 2-11】赋值运算符和运算。实例代码如下：

```
#test2.11.py
#赋值运算符和运算
a=10
```

```
b=20
c=a+b
print("a+b=c,c=",c)
c += a
print("c += a,a=",c )
c -= a
print("c -= a,a=",c )
c *= a
print("c *= a =",c )
c /= a
print("c /= a =",c )
c %= a
print("c %= a    =",c )
c **= a
print("c**= a =",c )
c=30
c **= a
print("c**= a =",c )
```

以上程序运行结果为：

```
a+b=c,c= 30
c += a,a= 40
c -= a,a= 30
c *= a = 300
c /= a = 30.0
c %= a    = 0.0
c**= a = 0.0
c**= a = 590490000000000
```

4. 位运算符

位运算符是把数字看作二进制来进行计算的，见表 2-4。Python 中的位运算法则如下：

```
a = 0011 1100
b = 0000 1101
-----------------
a&b = 0000 1100
a|b = 0011 1101
a^b = 0011 0001
~a   = 1100 0011
```

表 2-4 位运算符及意义

运算符	描述	实例
&	按位与运算符：参与运算的两个值，如果两个相应位都为 1，则该位的结果为 1，否则为 0	(a & b) 输出结果 12，二进制解释：0000 1100
|	按位或运算符：只要对应的两个二进位有一个为 1，结果位就为 1	(a | b) 输出结果 61，二进制解释：0011 1101
^	按位异或运算符：当两个对应的两进位相异时，结果为 1	(a ^ b) 输出结果 49，二进制解释：0011 0001
~	按位取反运算符：对数据的每个二进制位取反，即把 1 变为 0，把 0 变为 1。~x 类似于-x-1	(~a) 输出结果-61，二进制解释：1100 0011，一个有符号二进制数的补码形式

续表

运算符	描述	实例
<<	左移动运算符：运算数的各二进位全部左移若干位，由<<右边的数指定移动的位数，高位丢弃，低位补 0	a << 2 输出结果 240，二进制解释：1111 0000
>>	右移动运算符：把>>左边的运算数的各二进位全部右移若干位，>>右边的数指定移动的位数	a >> 2 输出结果 15，二进制解释：0000 1111

注：表中变量 a 为 60，b 为 13。

【例 2-12】 位运算符和运算。实例代码如下：

```
#test2.12.py
#位运算符和运算
a = 60              #60 = 0011 1100
b = 13              #13 = 0000 1101
c = 0
c = a & b;          #12 = 0000 1100
print ("1 - c 的值为：", c)
c = a | b;          #61 = 0011 1101
print ("2 - c 的值为：", c)
c = a ^ b;          #49 = 0011 0001
print ("3 - c 的值为：", c)
c = ~a;             #-61 = 1100 0011
print ("4 - c 的值为：", c)
c = a << 2;         #240 = 1111 0000
print ("5 - c 的值为：", c)
c = a >> 2;         #15 = 0000 1111
print ("6 - c 的值为：", c)
```

以上程序的运行结果为：

```
1 - c 的值为： 12
2 - c 的值为： 61
3 - c 的值为： 49
4 - c 的值为： -61
5 - c 的值为： 240
6 - c 的值为： 15
```

5. 逻辑运算符

逻辑运算符用来判断程序运行过程中是否满足某些条件，见表 2-5。

表 2-5 逻辑运算符及意义

运算符	逻辑表达式	描述	实例
and	x and y	逻辑与：如果 x 和 y 其中一个为 False，返回值为 False，否则返回 True	(a and b) 返回 True
or	x or y	逻辑或：如果 x 和 y 其中一个为 True，返回 True，否则返回 False	(a or b) 返回 True
not	not x	逻辑非：如果 x 为 True，返回 False。如果 x 为 False，返回 True	not(a and b) 返回 False

注：假设变量 a 为 True，变量 b 为 True。

【例 2-13】逻辑运算符和运算。实例代码如下：

```
#test2.13.py
#逻辑运算符和运算
bookPrice=60
bookPub="中山大学出版社"
bookPage=270
# 1 .我想找一本书，价格不高于 70，页数在 300 页之内 True
c=bookPrice<=70 and bookPage<=300
print("1.c=bookPrice<=70 and bookPage<=300,c=",c)

#2.我想找一本书，价格不高于 50，页数在 300 页之内 False
c=bookPrice<=50 and bookPage<=300
print("2.c=bookPrice<=50 and bookPage<=300,c=",c)

#3.我想找一本书，价格不高于 50，页数在 200 页之内 False
c=bookPrice<=50 and bookPage<=200
print("3.c=bookPrice<=50 and bookPage<=200,c=",c)

#4.我想找一本书，价格不高于 70，或者页数在 300 页之内 True
c=bookPrice<=70 or bookPage<=300
print("4.c=bookPrice<=70 or bookPage<=300,c=",c)

#5.我想找一本书，价格不高于 50，或者页数在 300 页之内 True
c=bookPrice<=50 or bookPage<=300
print("5.c=bookPrice<=50 or bookPage<=300,c=",c)

#6.我想找一本书，价格不高于 50，或者页数在 200 页之内 False
c=bookPrice<=50 or bookPage<=200
print("6.c=bookPrice<=50 or bookPage<=200,c=",c)

#7.我想找一本书，是中山大学出版社 True
c=bookPub=="中山大学出版社"
print("7.c=bookPub==中山大学出版社,c=",c)

#8.我想找一本书，是中山大学出版社 False
c= not bookPub=="中山大学出版社"
print("8.c not=bookPub==中山大学出版社,c=",c)
```

以上程序运行结果为：

```
1.c=bookPrice<=70 and bookPage<=300,c= True
2.c=bookPrice<=50 and bookPage<=300,c= False
3.c=bookPrice<=50 and bookPage<=200,c= False
4.c=bookPrice<=70 or bookPage<=300,c= True
5.c=bookPrice<=50 or bookPage<=300,c= True
6.c=bookPrice<=50 or bookPage<=200,c= False
7.c=bookPub==中山大学出版社,c= True
8.c not=bookPub==中山大学出版社,c= False
```

6. 成员运算符

Python 同样支持成员运算符。成员运算符表示某个变量是否包含在特定的数据类型中，见表 2-6。

表 2-6　成员运算符及意义

运算符	描述	实例
in	如果在指定的序列中找到值返回 True，否则返回 False	如果 x 在 y 序列中，x in y 返回 True
not in	如果在指定的序列中没有找到值返回 True，否则返回 False	如果 x 不在 y 序列中，x not in y 返回 True

【例 2-14】 成员运算符和运算。实例代码如下：

```
#test2.14.py
#成员运算符和运算
x=['000001.SH'];y=['300033.SZ'];stock_list=['300033.SZ','000002.SH']
print('x=000001.SH，x 在股票列表中',x in stock_list)
print('y=300033.SZ，y 在股票列表中',y in stock_list)
print('x=000001.SH，x 不在股票列表中',x not in stock_list)
print('y=300033.SZ，y 不在股票列表中',y not in stock_list)

#用法衍生
if x in stock_list:
    print('x=000001.SH，x 在股票列表中')
else:
    print('x=000001.SH，x 不在股票列表中')
if y not in stock_list:
    print('y=300033.SZ，y 在股票列表中')
else:
    print('y=300033.SZ，y 不在股票列表中')
```

以上程序运行结果为：

```
x=000001.SH，x 在股票列表中 False
y=300033.SZ，y 在股票列表中 False
x=000001.SH，x 不在股票列表中 True
y=300033.SZ，y 不在股票列表中 True
x=000001.SH，x 不在股票列表中
y=300033.SZ，y 在股票列表中
```

7. 身份运算符

Python 身份运算符用于比较两个对象的存储单元。身份运算符及意义见表 2-7。

表 2-7　身份运算符及意义

运算符	描述	实例
is	is 是判断两个标识符是不是引用自一个对象	x is y，类似 id(x) == id(y)，如果引用的是同一个对象则返回 True，否则返回 False
is not	is not 是判断两个标识符是不是引用自不同对象	x is not y，类似 id(a) != id(b)。如果引用的不是同一个对象则返回结果 True，否则返回 False

【例 2-15】身份运算符和运算。实例代码如下：

```
#test2.15.py
#身份运算符和运算
a=1;b=1
print('a=1 b=1 a is b:',a is b)

c=a;d=b
print('c=a d=b c is d:',c is d)

x=2;y=3
print('x=2 y=3 x is y:',x is not y)

x=x;y-1
print('x=x y=y-1 x is not y:',x is not y)
```

以上程序运行结果为：

```
a=1 b=1 a is b: True
c=a d=b c is d: True
x=2 y=3 x is y: True
x=x y=y-1 x is not y: True
```

2.4.2 优先级

在表 2-8 中列出了优先级从最高到最低的所有运算符。

表 2-8 运算符优先级

运算符	描述
**	指数（最高优先级）
~、+、-	按位翻转、一元加号和减号（最后两个的方法名为+@和-@）
*、/、%、//	乘、除、取模和取整除
+、-	加法和减法
>>、<<	右移、左移运算符
&	位与运算符
^、|	位运算符
<=、<、>、>=	比较运算符
==、!=	等于、不等于运算符
+=、-=、*=、/=、%=、&=、|=、^=、<<=、>>=	赋值运算符。加赋值、减赋值、乘赋值、除赋值、求余赋值、求除赋值、按位与赋值、按位或赋值、左移位赋值、右移位赋值
is、is not	身份运算符
in、not in	成员运算符
not、or、and	逻辑运算符

【例 2-16】优先级和运算。实例代码如下：

```
#test2.16.py
#优先级和运算
```

```
a = 20
b = 10
c = 15
d = 5
print ("a:%d b:%d c:%d d:%d" % (a,b,c,d ))

e = (a + b) * c / d          #( 30 * 15 ) / 5
print ("Value of (a + b) * c / d is ",   e)

e = ((a + b) * c) / d        #(30 * 15 ) / 5
print ("Value of ((a + b) * c) / d is ",   e)

e = (a + b) * (c / d)      #(30) * (15/5)
print ("Value of (a + b) * (c / d) is ",   e)

e = a + (b * c) / d          #20 + (150/5)
print ("Value of a + (b * c) / d is ",   e)

e = a* b ** d          #20 * 10**5
print ("Value of a * b ** d is ",   e)

e=2*3+5<=5+1*2
print ("Value of 2*3+5<=5+1*2 is ",   e)
```

以上程序运行结果为：

```
a:20 b:10 c:15 d:5
Value of (a + b) * c / d is   90.0
Value of ((a + b) * c) / d is   90.0
Value of (a + b) * (c / d) is   90.0
Value of a + (b * c) / d is   50.0
Value of a * b ** d is   2000000
Value of 2*3+5<=5+1*2 is   False
```

习题 2

一、选择题

1．关于 Python 程序格式框架的描述，以下选项中错误的是（　　）。

A．Python 语言不采用严格的“缩进”来表明程序的格式框架

B．Python 单层缩进代码属于之前最邻近的一行非缩进代码，多层缩进代码根据缩进关系决定所属范围

C．Python 语言的缩进可以采用 Tab 键实现

D．判断、循环、函数等语法形式能够通过缩进包含一批 Python 代码，进而表达对应的语义

2．关于 Python 语言的浮点数类型，以下选项中描述错误的是（　　）。

A．Python 语言要求所有浮点数必须带有小数部分

B．浮点数类型与数学中实数的概念一致

C．小数部分不可以为 0

D．浮点数类型表示带有小数的类型

3．关于 Python 注释，以下选项中描述错误的是（　　）。

A．Python 注释语句不被解释器过滤掉，也不被执行

B．注释可以辅助程序调试

C．注释可用于标明作者和版权信息

D．注释用于解释代码原理或者用途

4．以下选项中不符合 Python 语言变量命名规则的是（　　）。

A．I　　B．_A　　C．AID　　D．TempStr

5．以下是 Python 比较运算符中的等于运算符的是（　　）。

A．>=　　B．<=　　C．==　　D．=

6．Python 中“假”用（　　）表示。

A．True　　B．false　　C．False　　D．true

7．以下结果为 True 的是（　　）。

A．3>=5　　B．4==4　　C．5<3　　D．5!=5

8．在算术运算符中使用%求余，如果除数（第二个操作数）是负数，那么取得的结果是（　　）。

A．正值　　B．负值

C．正负都可能，看第一个操作数　　D．0

9．下列运算符中，级别最高的是（　　）。

A．*　　B．&　　C．=　　D．**

10．下列语句（　　）在 Python 中是非法的。

A．x=y=z=1　　B．x=(y=z+1)　　C．x,y=y,x　　D．x+=y

11．print(100 - 25 * 3 % 4)应该输出（　　）。

A．1　　B．97　　C．25　　D．0

二、简答题

1．简述标识符的作用和命名规则。

2．简述解释器的作用和组成。

3．简述 Python 数字类型及特点。

4．简述 Python 运算符类型及各运算符的作用。

5．简述 Python 运算优先级。

第 3 章　Python 分支与循环控制结构

在执行程序代码时不是所有的语句都必须一步步地顺序执行，有时候需要依据条件，选择执行不同的语句块，如入学时按年龄大小选择年级，有时候要反复执行相同语句块，如做累加和累减运算时，这些都需要采用分支与循环控制结构。通常程序有三种控制结构，在控制结构控制下按三种顺序执行程序代码，分别为顺序结构、分支结构和循环结构。可以用图清晰描述程序执行流程，如图 3-1 所示。

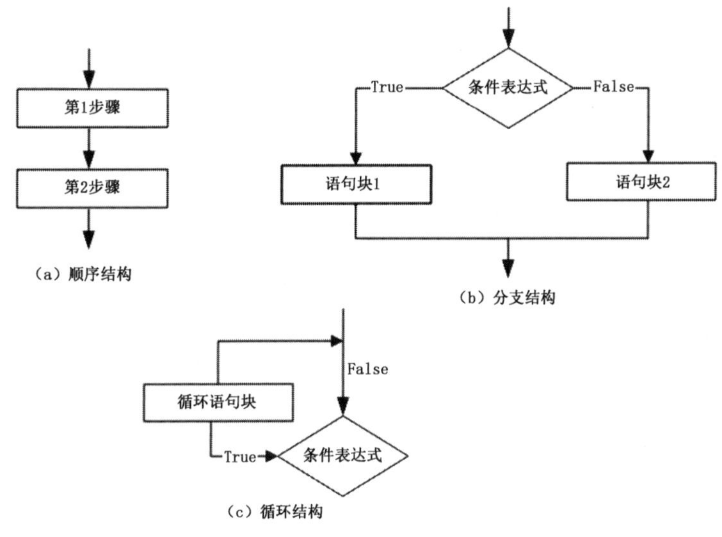

图 3-1　程序的控制结构

本章学习重点：

- 分支选择结构（单分支、双分支、多分支、嵌套）
- 循环控制结构（for 循环、while 循环、嵌套循环、break、continue）
- 迭代器和生成器

3.1　分支控制结构

Python 是通过判断条件表达式的真（True）和假（False）来选择执行不同分支的执行语句。分支的不同，程序运行的流程和结果也不相同。

if 语句是最常见的条件控制语句，依照分支的数量，分为单分支选择结构、双分支选择结构和多分支选择结构。

3.1.1　if 单分支选择结构

单分支选择语句是最简单的分支结构，当表达式值为 True 或其他与 True 等价的值时，就执行语句块的代码，否则语句块内的代码将不被执行，直接运行语句块后面的代码（如果后续还有代码），如图 3-2 所示。

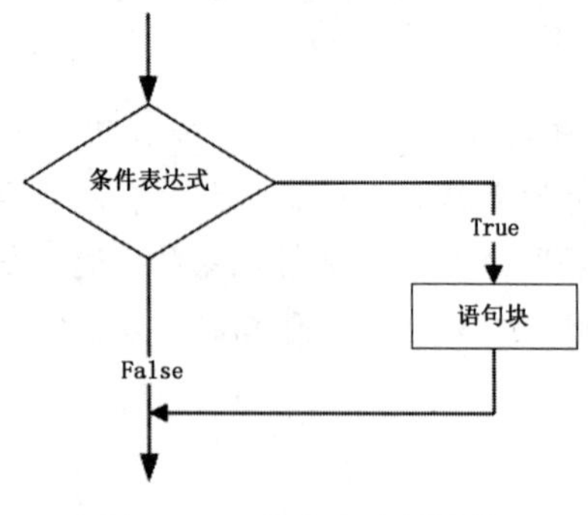

图 3-2 if 单分支选择结构

基本语法：

```
if condition:
    statement_block
```

【例 3-1】猜数字，如果输入的数字是 99，则输出猜对了。实例代码如下：

```
#test3.1.py
#猜数字，如果输入的数字是 99，则输出猜对了。
guess=eval(input())
if guess==99:
    print("猜对了，✿✿✿")
```

以上程序运行结果为：

```
99
猜对了，✿✿✿
```

如果输入是数字 99，即条件表达式判断结果为 True，则执行语句块，在屏幕输出。如果输入非数字 99 即条件表达式判断结果为 False，则不执行 print 输出，只返回输入的数字。

3.1.2 if 双分支选择结构

if 双分支选择结构是一个二分支结构，其运行过程如图 3-3 所示。

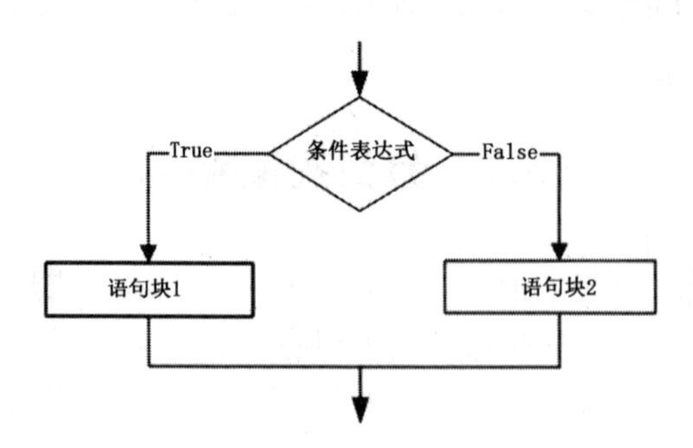

图 3-3 if 双分支选择结构

基本语法：

```
if condition:
    statement_block_1
```

```
else:
    statement_block_2
```

【注意事项】

（1）Python 不同于其他强语言，如 C++和 Java，没有用使用大括号（{}）标识语言块开始和结束，而使用缩进来表示代码块。

（2）缩进的空格数是可变的，必须注意同一个语言块的语句必须包含相同的缩进空格数，一般是以 4 个空格为缩进单位。我们建议输入一个 Backspace 键作为一个缩进，以免出错；Python 执行符合条件的分支语言块的全部代码。

（3）在每一个 if 的表达式和 else 后面要加“:”。

【例 3-2】将变量 a 和 b 数值大的变量，加 10 输出。实例代码如下：

```
#test3.2.py
#选择变量 a 和 b 数值大变量，加 10 并输出
a=10
b=20
if a>=b:
    print('变量 a 的值大于等于变量 b 的值')
    a+=10
    print("变量 a 的值=",a)
else:
    print('变量 b 的值大于变量 a 的值')
    b+=10
    print("变量 b 的值=",b)
```

以上程序运行结果为：

```
变量 b 的值大于变量 a 的值
变量 b 的值= 30
```

【知识拓展】Python 还有更加精简的方式实现单句分支程序：所有的代码都放在同一物理行中就可以完成条件分支程序。

【例 3-3】判断变量 a 和 b 数值大小。实例代码如下：

```
#test3.3.py
#判断变量 a 和 b 数值大小，精简方式
a=10
b=20
'变量 a 的值大于等于变量 b 的值' if a>=b else '变量 b 的值大于变量 a 的值'
```

以上程序运行结果为：

```
'变量 b 的值大于变量 a 的值'
```

3.1.3　if 多分支选择结构

If 多分支选择结构可以想象成一个多路开关，哪一分支的表达式条件为 True，就执行该分支的语句块，打个比喻即哪一路开关键按下去了，哪一路灯泡点亮。在 Python 中没有 switch...case 语句，用 elif 代替了 else if，所以 if 语句的关键字为：if...elif...else。其运行流程如图 3-4 所示。

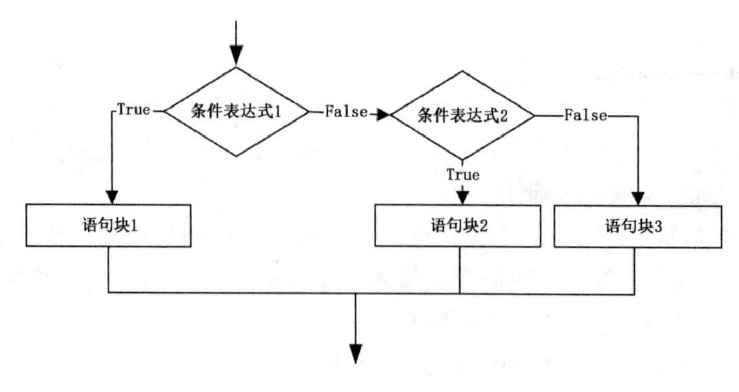

图 3-4 if 多分支选择结构

基本语法：

```
if condition_1:
    statement_block_1
elif condition_2:
    statement_block_2
else:
    statement_block_3
```

【例 3-4】演示狗的智商判断的小游戏。实例代码如下：

```
#test3.4.py
#小狗智商判断
age = int(input("请输入你家狗狗的年龄："))
print("")
if age < 0:
    print("你是在逗我吧！")
elif age == 1:
    print("相当于 14 岁的人。")
elif age == 2:
    print("相当于 22 岁的人。")
elif age > 2:
    human = 22 + (age -2)*5
    print("对应人类年龄：", human)
###退出提示
input("单击 Enter 键退出")
```

以上程序运行结果为：

```
请输入你家狗狗的年龄：2
相当于 22 岁的人。
```

3.1.4 if 嵌套

除了上述分支，if...elif...else 结构可以嵌套在其他 if...elif...else 结构中，实现多种组合，增加程序的灵活性，实现组合判断，以选择适合的分支，其一般形式如图 3-5 所示。

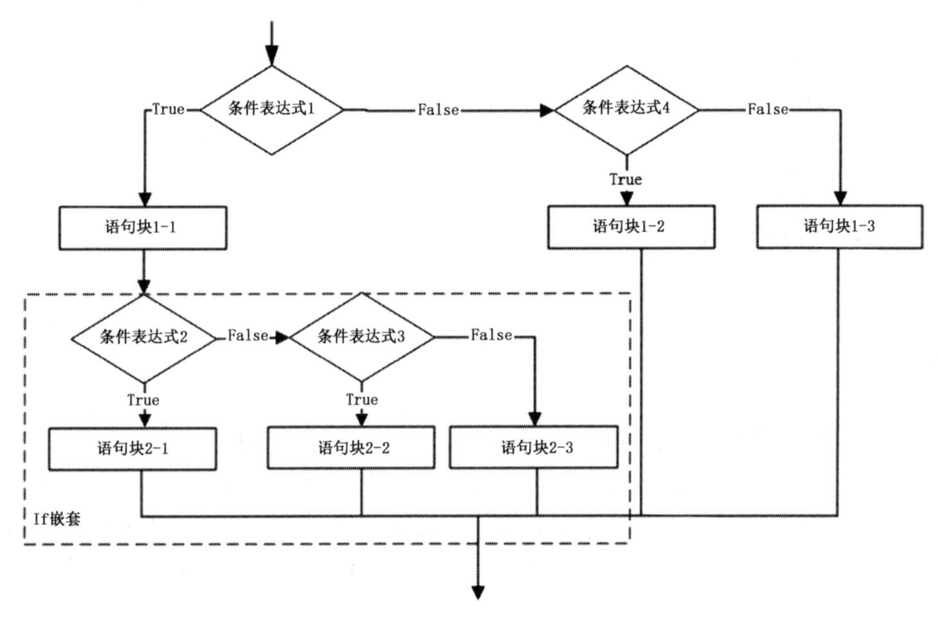

图 3-5　if 嵌套选择结构

基本语法：

```
if condition_1:
statement_block_1-1
        if condition_2:
        statement_block_2-1
    elif condition_3:
        statement_block_2-2
    else:
        statement_block_2-3
elif condition_4
    statement_block_1-2
else:
    statement_block_1-3
```

【注意事项】

（1）if...elif...else 结构可以镶嵌到其他 if...elif...else 结构任何位置。

（2）在嵌套的 if...elif...else 结构中，还可以多次嵌套 if...elif...else 结构。

（3）Python 以缩进代表层次，我们建议相同层次（本教材以 1-、2-表示第一、第二层 if...elif...else 结构）语句块开始的位置相同。

【例 3-5】学习成绩百分制转等级制。实例代码如下：

```
#test3.5.py
#学习成绩百分制转等级制
score=int(input('请输入一个整数：'))
degree="DCBAAF"    #90～99 及 100 都是等级 A
if score>100 or score<0:
    print("学习成绩应该在 0～100 之间")
else:
```

```
index=(score-60)//10      #模运算对 60 分以上成绩兑换等级
if index>=0:
    print(degree[index])
else:
    print(degree[-1])
```

以上程序运行结果为：

```
请输入一个整数：100
A
```

3.2 循环结构

在实际应用中，存在许多有规律的重复性操作，需要在程序中重复执行某些语句块。重复执行的语句被称为循环体，循环是否可以继续重复，取决于循环终止条件是否被触发。Python 提供了三种循环结构，即 while 循环、for 循环和内嵌循环。与这三种循环类型相关的循环控制语句有 break、continue 和 pass 语句。本节主要讲解 while 循环和 for 循环，以及 break 语句和 continue 语句。

3.2.1 while 循环结构

1. while 循环基本结构

while 循环先判条件是否为 True，如果为 True 就执行语句块，直到循环判断条件为 False 就退出循环。其流程如图 3-6 所示。

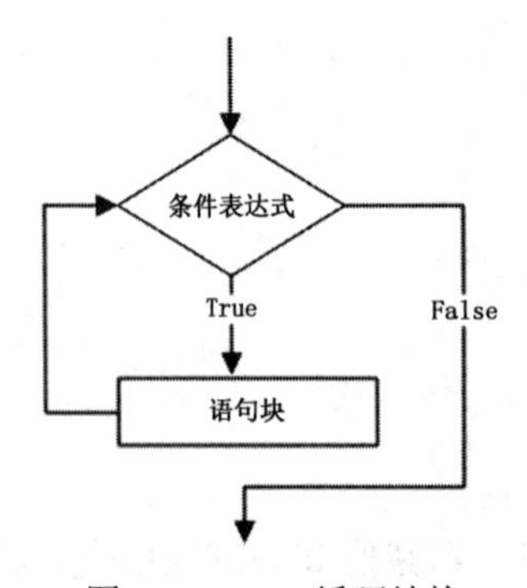

图 3-6 while 循环结构

Python 中 while 语句的一般形式为：

```
while expression:
    statement_block
```

【注意事项】

（1）判断条件后有冒号。

（2）语句块部分要缩进。

（3）在 Python 中没有 do…while 循环。

【例 3-6】口袋里有 9 元钱，笔记本 1 元一本，一本本买，直到口袋里面没有钱。实例代码如下：

```
#test3.6.py
#口袋里有 9 元钱，笔记本 1 元一本，一本本买，直到口袋里面没有钱
money=9        #口袋有 9 元钱
i=0            #初始买笔记本数量
while(money>0):
    money-=1
    i+=1
    print('买了第',i,'本笔记本，剩下',money,'元')
print('我的钱剩下',money,'元')
```

以上程序运行结果为：

```
买了第 1 本笔记本，剩下 8 元
买了第 2 本笔记本，剩下 7 元
买了第 3 本笔记本，剩下 6 元
买了第 4 本笔记本，剩下 5 元
买了第 5 本笔记本，剩下 4 元
买了第 6 本笔记本，剩下 3 元
买了第 7 本笔记本，剩下 2 元
买了第 8 本笔记本，剩下 1 元
买了第 9 本笔记本，剩下 0 元
我的钱剩下 0 元
```

2. while 循环使用 else 语句

在 Python 中，while … else 语句与 while 语句类似，只是在循环判断条件为 False 时执行 else 的语句块。其流程如图 3-7 所示。

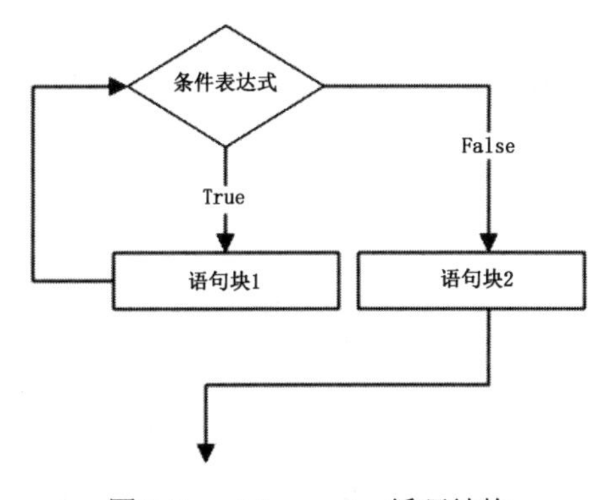

图 3-7　while … else 循环结构

【例 3-7】输出 5 以内的数字。实例代码如下：

```
#!/usr/bin/python3

count = 0
while count < 5:
   print (count, " 小于 5")
   count = count + 1
```

```
    if count==5:
        break
    else:
        print (count, " 大于或等于 5")
```

以上程序运行结果为：

```
0 小于 5
1 小于 5
2 小于 5
3 小于 5
4 小于 5
5 大于或等于 5
```

3. while 循环无限循环语句

将循环判断条件永远设置为 True 就可以实现无限循环。

【例 3-8】无限循环输出你输入的数字，直到按 Ctrl+C 退出程序。实例代码如下：

```
#test3.8.py
#无限循环输出你输入的数字，直到按 Ctrl+C 退出程序
var = 1
while var == 1 :  #表达式永远为 True
    num = int(input("输入一个数字 ："))
    print ("你输入的数字是：", num)
```

以上程序运行结果为：

```
输入一个数字 ：8
你输入的数字是：8
输入一个数字 ：18
你输入的数字是：18
输入一个数字 ：
```

无限循环在服务器上客户端的实时请求非常有用。可以使用 Ctrl+C 来退出当前的无限循环。

4. while 循环使用嵌套

while 循环可以嵌套使用，基本语法如下：

```
while expression1:
    while expression2:
        statement_block_2
statement_block_1
```

【例 3-9】输出五行星星，每行星星数量递增（while 语句嵌套）。实例代码如下：

```
#test3.9.py
#输出五行星星，每行星星数量递增（while 语句嵌套）
row = 0    #定义 c 初始行数为 0
while row < 5:
    col = 0    #定义列数为 col
    while col <= row:
        print('*', end='')    #输出不换行
        col += 1
```

```
        print("")    #输出换行
        row += 1
```

以上程序运行结果为：

```
*
**
***
****
*****
```

3.2.2 for 循环结构

1．for 循环基本结构

for 循环可以遍历任何序列的项目，如一个列表或者一个字符串。其流程图如图 3-8 所示。

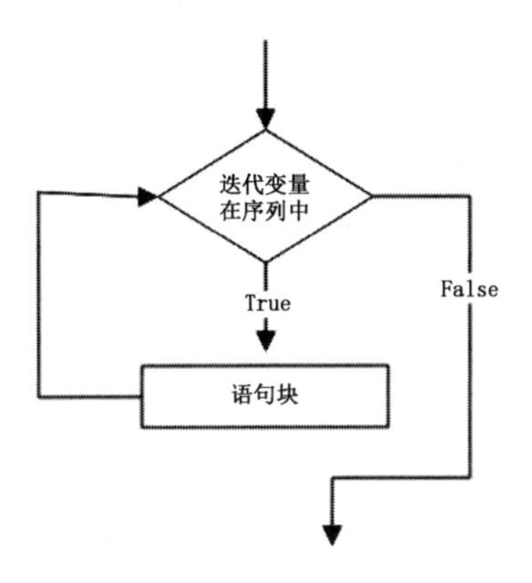

图 3-8 for 循环结构

for 循环的一般格式为：

```
for iterating_var in sequence:
    statement_block
```

【例 3-10】循环输出当前水果。实例代码如下：

```
#test3.10.py
#显示当前水果名称
fruits = ['banana', 'apple',  'mango']
for fruit in fruits:
    print('第',fruits.index(fruit)+1,'循环，当前水果是：', fruit)
print("Good bye!")
```

以上程序运行结果为：

```
第 1 循环，当前水果是： banana
第 2 循环，当前水果是： apple
第 3 循环，当前水果是： mango
Good bye!
```

2．range()函数

内置 range()函数，可以生成数列，通过它，可以遍历数字序列。

range()函数基本语法如下：

```
range(start, stop[, step])
```

参数说明：

- start：计数从 start 开始。默认是从 0 开始 3 结束，步长为 1。
- stop：计数到 stop 结束，但不包括 stop。
- step：步长，默认为 1。例如：range e(0,4)等价于 range(0, 4, 1)。步长可以为正数也可以为负数，为正表示从左到右切片，反之为从右到左切片。

range()只有一个参数，默认为 range(stop),步长为 1。例如：range(4),等价于 range(0,4,1)。

【例 3-11】range()函数控制循环，绘制五角星。实例代码如下：

```
#test3.11.py
#绘制五角星
import turtle                    #调用绘图数据库 turtle
turtle.speed(1)                  #设置绘制的速度，1～10，1 最慢，10 最快
turtle.pensize(5)                #设置画笔粗细
turtle.pencolor("red")           #设置画笔颜色
turtle.forward(200)              #当前方向，往前行进 200 像素
for i in range(4):               #range()函数，控制循环 4 次，由 0 到 3，步长为 1
    turtle.right(144)            #转角 144 度
    turtle.fd(200)               #当前方向，往前行进 200 像素
turtle.done()
```

以上程序运行结果为：

range()两个参数，默认为 range(start ,stop)，步长为 1。例如：range(0,4)是[0, 1, 2, 3]，没有 4，等价于 range(0,4,1)。

【例 3-12】指定区间的 range()函数循环控制案例。实例代码如下：

```
#test3.12.py
#指定区间的 range()函数循环控制
for i in range(5,8) :
    print(i, end=' ')  #输出不换行
```

以上程序运行结果为：

```
5 6 7
```

range()三个参数，默认为 range(start ,stop,step)，例如 range(0,4,1)。

【例 3-13】打印一个从 1 到 20，且相隔 3 的数字序列。实例代码如下：

```
#test3.13.py
#打印一个从 1 到 20，且相隔 3 的数字序列
x = range(1, 20, 3)
for i in x:
    print(i, end=' ')  #输出不换行
```

以上程序运行结果为：

```
1 4 7 10 13 16 19
```

range()三个参数，负步长案例如下。

【例 3-14】打印一个从 20 到 1，且相隔-3 的数字序列。实例代码如下：

```
#test3.14.py
#打印一个从 20 到 1，且相隔-3 的数字序列
x = range(20,1,-3)      #注意顺序
for i in x:
    print(i, end=' ')   #输出不换行
```

以上程序运行结果为：

```
20 17 14 11 8 5 2
```

3. for 循环使用嵌套

for 循环可以嵌套使用，基本语法如下：

```
for iterating_var1 in sequence:
    for iterating_var2 in sequence:
        statement_block_2
statement_block_1
```

【例 3-15】打印 99 乘法表。实例代码如下：

```
#test3.15.py
#打印 99 乘法表
for i in range(1, 10):
    for j in range(1, i+1):
        print('{}×{}={}\t'.format(j, i, i*j), end='')
    print()
```

以上程序运行结果为：

```
1×1=1
1×2=2   2×2=4
1×3=3   2×3=6   3×3=9
1×4=4   2×4=8   3×4=12  4×4=16
1×5=5   2×5=10  3×5=15  4×5=20  5×5=25
1×6=6   2×6=12  3×6=18  4×6=24  5×6=30  6×6=36
1×7=7   2×7=14  3×7=21  4×7=28  5×7=35  6×7=42  7×7=49
1×8=8   2×8=16  3×8=24  4×8=32  5×8=40  6×8=48  7×8=56  8×8=64
1×9=9   2×9=18  3×9=27  4×9=36  5×9=45  6×9=54  7×9=63  8×9=72  9×9=81
```

3.2.3 break 和 continue 语句

1. break 语句

终止 for 或 while 循环，可以采用 break 语句跳出 for 和 while 的循环体，任何对应的 else 循环块将不被执行。其基本流程如图 3-9 所示。

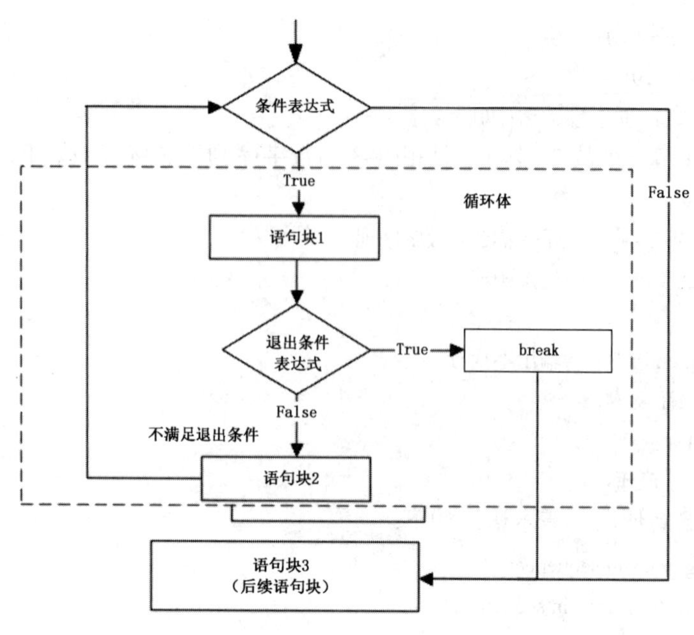

图 3-9 break 语句

采用 break 退出 for 单循环。

【例 3-16】强制退出 for 单循环。实例代码如下：

```
#test3.16.py
#遇见“,”，强制退出 for 单循环
add = "http://c.biancheng.net/python/,http://c.biancheng.net/shell/"
for i in add:
    if i == ',' :
        break    #终止循环
    print(i,end="")
print("\n 执行循环体外的代码")
```

以上程序运行结果为：

```
http://c.biancheng.net/python/
执行循环体外的代码
```

多重循环采用强行退出时，注意比较例 3-17 和例 3-18 中 break 的位置。例 3-17 break 位于第二层循环内部，当 break 判断条件满足后，仅仅退出第二层循环，第一层循环依旧运行。例 3-18 break 位于第一层循环，当 break 判断条件满足后，退出所有的循环，即退出第一和第二层循环。

【例 3-17】退出内循环。实例代码如下：

```
#test3.17.py
#强行退出内循环，即 i=3
language='python'
for i in language:
print('\n 第',language.index(i)+1,'循环，当前 i=：', i)
for j in range(5):
if i=='t':
break
print(i,end=' ')
```

以上程序运行结果为：

```
第 1 循环，当前 i=： p
p p p p p
第 2 循环，当前 i=： y
y y y y y
第 3 循环，当前 i=： t

第 4 循环，当前 i=： h
h h h h h
第 5 循环，当前 i=： o
o o o o o
第 6 循环，当前 i=： n
n n n n n
```

【例 3-18】退出外循环。实例代码如下：

```
#test3.18.py
#强行退出外循环
language='python'
for i in language:
    if i=='t':
        break
    print('\n 第',language.index(i)+1,'循环，当前 i=：', i)
    for j in range(5):
        print(i,end=' ')
```

以上程序运行结果为：

```
第 1 循环，当前 i=： p
p p p p p
第 2 循环，当前 i=： y
y y y y y
```

如果循环体中有 else 子句，它在穷尽列表（for 循环）或条件变为 False（while 循环）导致循环终止时被执行，但循环被 break 终止时不执行 else 子句。

【例 3-19】判断质数。实例代码如下：

```
#test3.19.py
#检测用户输入的数字是否为质数
#采用 break 后，else 语句也不执行
num = int(input("请输入一个数字："))
#质数大于 1
if num > 1:
    #查看因子
    for i in range(2,num):
        if (num % i) == 0:
            print(num,"不是质数")
            print(i,"乘以",num//i,"是",num)
            break
    else:
        print(num,"是质数")
#如果输入的数字小于或等于 1，不是质数
else:
    print(num,"不是质数")
```

以上程序运行结果为：

```
请输入一个数字：123
123 不是质数
3 乘以 41 是 123
```

【例 3-20】猜年龄。实例代码如下：

```
#test3.20.py
#猜年龄
#采用 break 后，else 语句也不执行
count = 0
age = 26
while count < 3: #只给 3 次机会
    user_guess = int(input("your guess:"))
    if user_guess == age :
        print("恭喜你答对了!")
        break
    elif user_guess < age :
        print("try bigger")
    else :
        print("try smaller")
    count += 1
```

以上程序运行结果为：

```
your guess:25
try bigger
your guess:26
恭喜你答对了!
```

2. continue 语句

当循环体内 continue 条件判断为 True，Python 将跳过当次循环块中的剩余语句，然后继续运行下一轮循环，如图 3-10 所示。

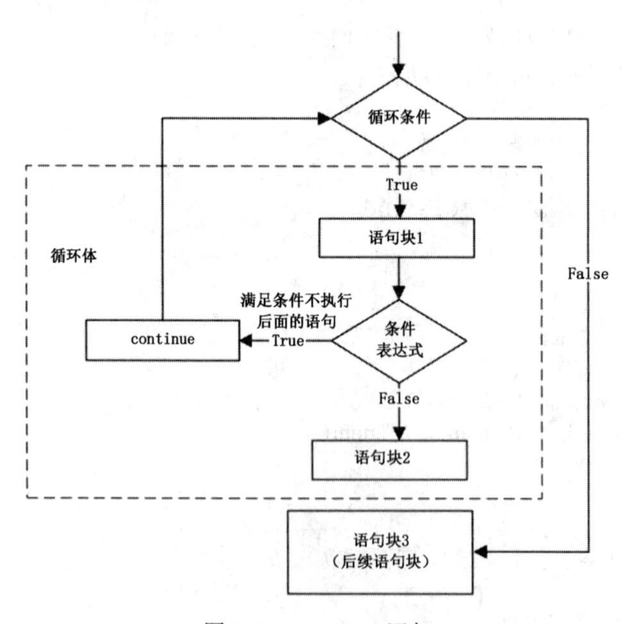

图 3-10 continue 语句

【例 3-21】判断字母和数字。实例代码如下：

```
#test3.21.py
#continue 跳过当次循环语句
for letter in 'Run':            #第一个实例
    if letter == 'u':           #字母为 u 时跳过输出
        continue
    print ('当前字母：', letter)


print("\n")
var = 3    #第二个实例
while var > 0:
    var -=  1
    if var == 1:    #变量为 1 时跳过输出
        continue
    print ('当前变量值：', var)
print ("Good bye!")
```

以上程序运行结果为：

```
当前字母：  R
当前字母：  n

当前变量值：  2
当前变量值：  0
Good bye!
```

【例 3-22】判断 2 到 10 之间的质数。实例代码如下：

```
#test3.22.py
#判断 2 到 10 之间的质数。
#break 跳出当前循环，continue 跳过当次循环语句
i = 0
while True:
    i += 1
    if i == 2:
        print("i=2 时，跳过当次循环")
        continue
    if i == 5:
        print("i=5 时，跳出当前循环体")
        break
    print("i=",i)
print("i=",i,"循环结束")
```

以上程序运行结果为：

```
i= 1
i=2 时，跳过当次循环
i= 3
i= 4
i=5 时，跳出当前循环体
i= 5  循环结束
```

3.3 迭代器和生成器

3.3.1 迭代器

迭代是 Python 最强大的功能之一，是访问集合元素等的可迭代对象的工具。迭代器功能特征如下：

- 是一个可以记住遍历的位置的对象。
- 从集合的第一个元素开始访问，一直到所有的元素被访问完时结束。它像中国象棋的兵一直往前不后退。
- 迭代器有两个基本的方法：iter()和 next()。
- 字符串、列表或元组对象都可用于创建迭代器：通常用 for 语句对迭代器对象进行遍历。

【例 3-23】使用 iter()迭代器。实例代码如下：

```
#test3.23.py
#!/usr/bin/python3
#使用 iter()迭代器。list=[1,2,3]
it = iter(list)      #创建迭代器对象
for x in it:
    print (x, end=" ")
```

以上程序运行结果为：

```
1 2 3
```

也可以使用 next()函数来进行迭代。

【例 3-24】使用 next()函数。实例代码如下：

```
#test3.24.py
#使用 next()函数
#获得 Iterator 对象
it = iter([1, 2, 3, 4, 5])
while True:
    try:
        x = next(it)          #获得下一个值
        print(x, end=" ")
    except StopIteration:     #遇到 StopIteration 就退出循环
        break
```

以上程序运行结果为：

```
1 2 3 4 5
```

3.3.2 生成器

在 Python 中，生成器（generator）是带有 yield 关键字的函数。生成器是返回迭代器的函数，只能用于迭代操作。

【例 3-25】斐波那契函数。实例代码如下：

```
#test3.25.py
#使用生成器，生成斐波那契数列
```

```
import sys
def fibonacci(n):          #生成器函数——斐波那契函数
    a, b, counter = 0, 1, 0
    while True:
        if (counter > n):
            return
        yield a
        a, b = b, a + b
        counter += 1
f = fibonacci(10)          #f 是一个迭代器，由生成器返回生成
while True:
    try:
        print (next(f), end=" ")
    except StopIteration:
        break
```

以上程序运行结果为：

```
0 1 1 2 3 5 8 13 21 34 55
```

一个普通函数或者子程序都只能 return 一次，但在调用生成器运行的过程中，每次遇到 yield 时函数都能暂停执行，保存当前断点所有的运行信息，并返回中间结果，即返回 yield 的值，给调用者。再使用 next()方法让生成器从当前断点位置继续运行。

【例 3-26】生成器与 return 的区别。实例代码如下：

```
#test3.26.py
#生成器与 return 的区别
def test_yield():
    for i in [1,2,3]:
        yield i
def test_return():
    for i in [1,2,3]:
        return i
if __name__ == '__main__':
    test_yield_obj = test_yield()
    print('这里测试 yield')
    print(test_yield_obj.__next__())   #1
    print(test_yield_obj.__next__())   #2
    print(test_yield_obj.__next__())   #3

    print('这里是测试 return')
    print(test_return())   #1
    print(test_return())   #1
    print(test_return())   #1
```

以上程序运行结果为：

```
这里测试 yield
1
2
3
这里是测试 return
```

```
1
1
1
```

3.4 综合应用

【例 3-27】模拟裁判评分。实例代码如下：

```
#test3.27.py
#综合练习，模拟打分
while True:
    try:
        n = int(input('请输入评委人数：'))
        if n <= 2:
            print('评委人数太少，必须多于 2 个人。')
        else:
            break
    except:
        pass

scores = []
for i in range(n):
    #这个 while 循环用来保证用户必须输入 0 到 100 之间的数字
    while True:
        try:
            score = input('请输入第{0}个评委的分数：'.format(i+1))
            #把字符串转换为实数
            score = float(score)
            assert 0<=score<=100
            scores.append(score)
            #如果数据合法，跳出 while 循环，继续输入下一个评委的分数
            break
        except:
            print('分数错误')
#计算并删除最高分与最低分
highest = max(scores)
lowest = min(scores)
scores.remove(highest)
scores.remove(lowest)
finalScore = round(sum(scores)/len(scores),2)

formatter = '去掉一个最高分{0}\n 去掉一个最低分{1}\n 最后得分{2}'
print(formatter.format(highest, lowest, finalScore))
```

以上程序运行结果为：

```
请输入评委人数：4
请输入第 1 个评委的分数：80
```

```
请输入第 2 个评委的分数：90
请输入第 3 个评委的分数：100
请输入第 4 个评委的分数：50
去掉一个最高分 100.0
去掉一个最低分 50.0
最后得分 85.0
```

【例 3-28】人机对战的尼姆游戏。实例代码如下：

```
#test3.28.py
#综合练习，人机对战的尼姆游戏
#游戏规则，先给定库存物品数量，每个玩家取走 1 到不超过一半的物品，取走 1 件物品的为赢家，
#取走最后一件物品的为输家

from random import randint

n = int(input('请输入一个正整数：'))
while n > 1:
    #人类玩家先走
    print("该你拿了，现在剩余物品数量为：{0}".format(n))
    #确保人类玩家输入合法整数值
    while True:
        try:
            num = int(input('输入你要拿走的物品数量：'))
            #确保拿走的物品数量不超过一半
            assert 1 <= num <= n//2
            break
        except:
            print('最少必须拿走 1 个，最多可以拿走{0}个。'.format(n//2))
    n -= num
    if n == 1:
        print('恭喜，你赢了！')
        break
    #计算机玩家随机拿走一些，randint()用来生成指定范围内的一个随机数
    n -= randint(1, n//2)
else:
    print('哈哈，你输了。')
```

以上程序运行结果为：

```
请输入一个正整数：5
该你拿了，现在剩余物品数量为：5
输入你要拿走的物品数量：2
该你拿了，现在剩余物品数量为：2
输入你要拿走的物品数量：3
最少必须拿走 1 个，最多可以拿走 1 个。
输入你要拿走的物品数量：1
恭喜，你赢了！
```

习题 3

一、选择题

1．关于 Python 循环结构，以下选项中描述错误的是（　　）。

A．每个 continue 语句只能跳出当前层次的循环

B．break 用来跳出最内层 for 或者 while 循环，脱离该循环后程序从循环代码后继续执行

C．遍历循环中的遍历结构可以是字符串、文件、组合数据类型和 range()函数等

D．Python 通过 for、while 等保留字提供遍历循环和无限循环结构

2．下列程序的输出是（　　）。

```
for x in range(1,10):
    if x % 2 !=0:
        continue
    print(x,end='')
```

A．1 3 5 7 9　　B．2 4 6 8 10

C．2 4 6 8　　D．1 2 3 4 5 6 7 8 9

3．以下代码运行结果是（　　）。

```
names1 = ['Amir', 'Barry', 'Chales', 'Dao']
if 'Amir' in names1:
    print('1')
else:
    print('2')
```

A．1　　B．2

C．An exception is thrown　　D．Nothing

4．以下可以只终结本次循环的保留字是（　　）。

A．if　　B．break　　C．exit　　D．continue

5．以下关于 Python 的控制结构，错误的是（　　）。

A．每个 if 条件后要使用冒号

B．在 Python 中，没有 switch...case 语句

C．Python 的多分支结构如果没有 else，则可能没有一个分支得到执行

D．elif 可以单独使用

二、简答题

1．简述一个典型 Python 文件应当具有怎样的结构。

2．介绍一下 Python 下 range()函数的用法。

3．简述 Python 中 break 和 continue 语句的作用和区别。

4．简述迭代器的作用。

5．简述生成器的作用。

三、编程题

1．编写程序，输入一个自然数 n，然后计算并输出前 n 个自然数的阶乘之和 $1!+2!+3!+\ldots+n!$ 的值。

2．依次输入三角形的三边长，判断能否生成一个三角形。

3．设计“过 8 游戏”的程序，打印出 1～100 之间除了 8 和 8 的倍数之外的所有数字，如果遇见 8 和 8 的倍数则打印“8 的倍数~”跳过本次循环。

第 4 章　组合数据类型

在解决实际问题时，经常遇到批处理的数据，比如全班同学的某门课的考试成绩，包括学号、姓名、专业、成绩在内的学生信息等。这些数据定义成组合数据类型时更便于处理。另外，当需要编写程序进行数学中的向量运算、矩阵运算等时，运用组合数据类型更加便捷。更复杂的数据，例如全体教师的工号、考评分数、科研成果，若干本教材的书号、价格、出版社等，同样使用组合数据类型处理会更加方便。在 Python 中，组合数据类型包括序列类型（字符串、元组、列表）、集合类型（集合）、映射类型（字典）。

本章学习重点：

- 序列类型（字符串、元组、列表）
- 集合序列（集合）
- 映射序列（字典）

4.1　字符串

字符串（string）是一个字符序列，是由零个或多个字符组成的有限串行。字符串是 Python 中最常用的数据类型，很多实际问题的解决需要用到字符串。

4.1.1　字符串变量的定义

我们通常由单引号（'）、双引号（"）、三引号（''' """）包围来创建字符串。创建字符串很简单，只要为变量分配一个值即可，字符串序列用于表示和存储文本，Python 中字符串是不可变的，一旦声明，不能改变。

字符串变量的定义通常可以使用直接赋值方式和使用 input()函数方式。

1. 直接赋值

直接赋值的语法格式如下：

　　字符串变量名=字符串常量

例如：

```
>>> v1 = '世界那么大，我要学 Python!'
>>>v1
'世界那么大，我要学 Python!'
>>> v2="i love Python!"
>>>v2
'i love Python!'
>>> v3='''我终于学会了 Python!'''
>>> v3
'我终于学会了 Python!'
```

从以上三个例子可以看出，无论使用单引号、双引号，还是三引号，给字符串赋值都是可以的，其中三引号可以由多行组成，编写多行文本的快捷语法，常用于文档字符串，在文件的特定地点，被当作注释。

2. 使用 input()函数赋值

使用 input()函数赋值的语法格式如下：

```
字符串变量=input(["提示输入信息"])
```

用户输入字符串信息时不需要输入定界符。例如：

```
>>> v1=input("please input a string:")
please input a string:abcde
```

4.1.2　字符串运算符

在 Python 中可使用运算符来处理字符串的运算。例如设定变量 v1 的值为字符串"Hello"，变量 v2 的值为"world"，字符串运算符的具体描述见表 4-1。

表 4-1　字符串运算符

运算符	描述	应用实例
+	字符串连接	v1 + v2 输出结果：Helloworld
*	重复输出字符串	v1*2 输出结果：HelloHello
[]	通过索引获取字符串中的字符	v1[1] 输出结果：e
[:]	截取字符串中的一部分	v1[1:4] 输出结果：ell
in	成员运算符：如果字符串中包含给定的字符返回 True	H in v1 输出结果：1
not in	成员运算符：如果字符串中不包含给定的字符返回 True	M not in v1 输出结果：1
r/R	原始字符串：所有的字符串都是直接按照字面的意思来使用，没有转义、特殊或不能打印的字符。原始字符串除在字符串的第一个引号前加上字母 r（可以大小写）以外，与普通字符串有着完全相同的语法	print r'\n' prints \n 和 print R'\n' prints \n

1. 基本数据连接

Python 提供字符串数据的运算方式，称为连接运算，其运算符“+”表示将两个字符串数据连接起来，成为一个新字符串数据，它的一般格式为 v1+v2+…+vn，其中 v1、v2 均为一个字符串，例如：

```
>>> 'abc'+'def'
'abcdef'
```

将字符串与数值型数据连接时，需要使用函数进行转换，然后再连接，例如：

```
>>> 'python'+str(4.6)
'python4.6'
```

2. 重复连接操作

Python 可以用*运算符重复字符串，构建一个由其自身字符重复连接的字符串，其格式一般为：

```
v*n 或者 n*v
```

其中，v 是一个字符串，n 是一个正整数，例如：

```
>>> 'abcd'*2
'abcdabcd'
>>> 4*'abcd'
'abcdabcdabcdabcd'
```

当然，运算符（*）和（+）仍然支持赋值运算以及复合赋值运算，此内容在第 2 章中讲述。

【例 4-1】要求定义两个字符，实现字符的连接、重复和切片运算。实例代码如下：

```
#test4.1.py
v1= "Hello"
v2= "world"
print("v1+v2 输出结果：",v1+v2)
print("v1* 2 输出结果：", v1* 2)
print("v1[1] 输出结果：", v1[1])
print("v1[1:4] 输出结果：", v1[1:4])
if( "H" in v1) :
    print("H 在变量 v1 中")
else :
    print("H 不在变量 v1 中")
if( "M" not in v1) :
    print("M 不在变量 v1 中")
else :
    print("M 在变量 v1 中")
print (r'\n')
print (R'\n')
```

以上程序运行结果为：

```
v1+v2 输出结果：Helloworld
v1* 2 输出结果：HelloHello
v1[1] 输出结果：e
v1[1:4] 输出结果：ell
H 在变量 v1 中
M 不在变量 v1 中
\n
\n
```

4.1.3 索引与切片

1. 字符串的索引

字符串有两种索引方式，从左往右以 0 开始，从右往左以-1 开始，语法格式如下：

```
字符串变量名[索引值]
>>> v2="i love Python!"
```

其字符索引编号如下：

V2[0] v2[13]

i		l	o	v	e		P	y	t	h	o	n	!

V2[-14] v2[-1]

```
>>> print(v2[0],v2[4])
i v
>>> print(v2[0],v2[-4])     #-1 代表最右边元素，当元素为负时，表示从右往左索引
i h
```

【例 4.2】将一个字符串按相反的顺序输出。实例代码如下：

```
#test4.2.py
v1=input("Please input a string:")
for i in range(0,len(v1)):
    print(v1[-i-1], end=’’)
```

以上程序运行结果为：

```
Please input a string:abc
cba
```

2. 字符串的切片

字符串的切片就是从给定的字符串中分离出部分字符，这时可以使用以下形式的字符串索引编号。其切片参数分为 3 个，语法格式如下：

```
字符串变量[i:j:k]
```

其中 i 是索引起始位置，j 是索引结束位置但不包括 j 位置上的字符，索引编号每次增加的步长为 k。

例如：

```
>>> v="how are you"
>>> print(v[0:5:2])
hwa
>>> v='abcdefg'
>>> v[6:1:-1]
'gfedc'
```

【例 4-3】利用字符串切片方法将一个字符串中的字符按反序输出。实例代码如下：

```
#test4.3.py
v1=input("Please enter a string:")
v2=v1[::-1]
print(v2)
```

以上程序运行结果为：

```
Please enter a string:12345
54321
```

【例 4-4】字符串截取。实例代码如下：

```
#test4.4.py
str = 'nihao'
print (str)                #输出字符串
print (str[0:-1])          #输出第一个到倒数第二个的所有字符
print (str[0])             #输出字符串第一个字符
print (str[2:5])           #输出从第三个开始到第五个的字符
print (str[2:])            #输出从第三个开始之后的所有字符
print (str * 2)            #输出字符串两次
```

以上程序运行结果为：

```
nihao
niha
n
hao
```

```
hao
nihaonihao
```

【例 4-5】字符串查询。实例代码如下：

```
#test4.5py
v1 = 'How are you!'
v2 = " I am studying Python "
print ("v1[0]：", v1[0])        #下标为 0 的元素
print ("v2[1:5]：", v2[1:5])  #注意下标从 1 开始，不包括 5
```

以上程序运行结果为：

```
v1[0]：  H
v2[1:5]：  I am
```

4.1.4 字符串更新

Python 中可以截取字符串的一部分并与其他字段拼接在一起，形成一个新的字符串。

【例 4-6】将字符串拼接。实例代码如下：

```
#!test4.6.py
v1='How re you!'
v2='I am studying Python'
print ("已更新字符串：", v1[:6] +v2[:5])
```

以上程序运行结果为：

```
已更新字符串：  How reI am
```

4.1.5 字符串格式化

Python 可以支持格式化字符串的输出。虽然这样要用到相对复杂的表达式，但最基本的用法是将一个值插入到一个有字符串格式符%s 的字符串中，使用%d 输出整型数字。在 Python 中，字符串格式化使用的语法与 C 语言中 printf()函数的语法是一样的。另一种是使用 format()格式设置方法，使用 format()函数格式更为方便、灵活，支持字符串、列表、元组和字典等序列数据的格式控制。

【例 4-7】字符串格式化。实例代码如下：

```
#test4.7.py

print ("我是 %s 今年 %d 岁！" % ('xiaomi', 20))
```

以上程序运行结果为：

```
我是 xiaomin 今年 20 岁！
```

使用 format()的格式如下：

```
模板字符串.format(参数表)
```

【例 4-8】使用 format()格式控制将两个数相乘。

```
#test4.8.py
>>> a,b=3,6
>>>print("{}乘以{}的乘积为：{}".format(a,b,a*b))
3 乘以 6 的乘积为：18
```

4.1.6　特殊字符与转义字符

输出数据时，可以按标准格式输出，同时还可以使用一些特殊的字符来控制输出格式，Python 在字符前面用反斜杠（\）转义字符，比如\n 代表换行，\r 代表回车，常用转义字符见表 4-2。

表 4-2　常用转义字符

转义字符	含义	转义字符	含义
\（在行尾时）	续行符	\\	反斜杠符号
\'	单引号	\"	双引号
\a	响铃	\b	退格（Backspace）
\e	转义	\000	空
\n	换行	\v	纵向制表符
\t	横向制表符	\r	回车
\f	换页	\oyy	八进制数 yy 代表的字符，例如：\o12 代表换行
\xyy	十六进制数 yy 代表的字符，例如：\x0a 代表换行	\other	其他的字符以普通格式输出

【例 4-9】通过转义符完成字符输入的换行。实例代码如下：

```
test4.9.py
>>> print("世界那么大\n 我要学 Python")
```

以上程序运行结果为：

```
世界那么大
我要学 Python
>>> print('\x64')        #代表 16 进制所对应 ASCII 等于 100 的字符，输入结果为字符 d
>>> print('\064')        #代表 8 进制所对应 ASCII 等于 52 的字符，输入结果为字符 4
```

4.1.7　字符串常用函数

字符支持很多函数，我们可以通过调用函数来实现对字符串的处理，可以通过函数名直接调用。

在 Python 中，字符串类型（string）可以看成一个类（Class），而一个具体的字符串可以看成一个对象，该对象具有很多方法，这些方法是通过类的成员函数来实现的。而对象中的方法则要通过对象名和方法名来调用，一般形式为：

对象名.方法名(参数)

1. 字符串大小写转换处理

```
.upper()          #全部大写
.lower()          #全部小写
.swapcase()       #大小写互换
.capitalize()     #首字母大写，其余小写
.title()          #首字母大写
```

【例 4-10】字母大小写转换函数使用示例。实例代码如下：

```
test4.10.py
a='helLO'
print(a.upper())        #全部大写
print(a.lower())        #全部小写
print(a.swapcase())     #大小写互换
print(a.capitalize())   #首字母大写，其余小写
print(a.title())        #首字母大写
```

2. 格式化相关

```
.ljust(width)       #获取固定长度，左对齐，右边不够用空格补齐
.rjust(width)       #获取固定长度，右对齐，左边不够用空格补齐
.center(width)      #获取固定长度，中间对齐，两边不够用空格补齐
.zfill(width)       #获取固定长度，右对齐，左边不足用 0 补齐
```

【例 4-11】字符串对齐处理函数使用示例。实例代码如下：

```
test4.11.py
a='3 4'
print(a.ljust(10))      #获取固定长度，左对齐，右边不够用空格补齐
print(a.rjust(10))      #获取固定长度，右对齐，左边不够用空格补齐
print(a.center(10))     #获取固定长度，中间对齐，两边不够用空格补齐
print(a.zfill(10))      #获取固定长度，右对齐，左边不足用 0 补齐
```

以上程序运行结果为：

```
3 4
       3 4
   3 4
00000003 4
```

3. 字符串搜索相关

```
.find()         #搜索指定字符串，没有返回-1
.index()        #同上，但是找不到会报错
.rfind()        #从右边开始查找
.count()        #统计指定的字符串出现的次数

#上面所有方法都可以用 index 代替，不同的是使用 index 查找不到会抛异常，而 find 返回-1
```

【例 4-12】字符串搜索函数使用示例。实例代码如下：

```
#test4.12.py
a='hello world'
print(a.find('e'))          #搜索指定字符串，没有返回-1
print(a.find('w',1,2))      #顾头不顾尾，找不到则返回-1 不会报错，找到了则显示索引
print(a.index('w',1,2))     #同上，但是找不到会报错
print(a.count('o'))         #统计指定的字符串出现的次数
print(a.rfind('l'))         #从右边开始查找
```

以上程序运行结果为：

```
1
-1
错误
2
9
```

4. 字符串替换

```
.replace('old','new')            #替换 old 为 new
.replace('old','new',次数)        #替换指定次数的 old 为 new
```

【例 4-13】字符串替换函数使用示例。实例代码如下：

```
#test4.13.py
s='hello world'
print(s.replace('world','python'))
print(s.replace('l','p',2))
print(s.replace('l','p',5))
```

以上程序运行结果为：

```
hello python
heppo world
heppo worpd
```

5. 字符串去空格及去指定字符

```
.strip()            #去两边空格
.lstrip()           #去左边空格
.rstrip()           #去右边空格

.split()            #默认按空格分隔
.split('指定字符')    #按指定字符分割字符串为数组
```

【例 4-14】字符串去空函数使用示例。实例代码如下：

```
#test4.14.py
a='   h e-l l o    '
print(a)
print(a.strip())
print(a.lstrip())
print(a.rstrip())
print(a.split('-'))       #使用指定的字符分割字符串为数组
print(s.split())
```

6. 字符串判断

字符串判断函数返回的都是逻辑值。

```
.startswith('start')   #是否以 start 开头
.endswith('end')       #是否以 end 结尾
.isalnum()             #是否全为字母或数字
.isalpha()             #是否全字母
.isdigit()             #是否全数字
.islower()             #是否全小写
.isupper()             #是否全大写
.istitle()             #判断首字母是否为大写
.isspace()             #判断字符是否为空格
```

【例 4-15】字符串判断函数使用示例。实例代码如下：

```
#test4.15.py

s='i love python'
print('{:s} isalnum={}'.format(s,s.isalnum()))
print('{:s} isalpha={}'.format(s,s.isalpha()))
print('{:s} isupper={}'.format(s,s.isupper()))
print('{:s} islower={}'.format(s,s.islower()))
```

```
print('{:s} isdigit={}'.format(s,s.isdigit()))
s='5678'
print('{:s} isdigit={}'.format(s,s.isdigit()))i love python isalnum=False
```

以上程序运行结果为：

```
i love python isalpha=False
i love python isupper=False
i love python islower=True
i love python isdigit=False
5678 isdigit=True
```

4.2 列表

在 Python 中的列表（list）、元组（tuple）、字符串（string）同属于序列数据，它们的每个元素都是按位置来顺序存取的，对于 Python 列表的理解可以和 C 语言里面的数组进行比较性的记忆与对照，它们比较相似，对于 Python 里面列表的定义可以直接用方括号里加所包含对象的方法，并且 Python 的列表是比较强大的，它包含了很多不同类型的数据：整型数字、浮点型、字符串以及对象等。

列表和元组很多操作上是一样的，不同的是列表是可变的，而元组与字符串一样，是不可变的。因此，当我们需要处理动态数据时，需要使用列表，当我们希望数据不被方法修改时，我们当然选择元组了。

列表是写在方括号（[]）之间、用逗号分隔开的元素列表。

和字符串一样，列表同样可以被索引和截取，列表被截取后返回一个包含所需元素的新列表。

列表有以下主要特点：

- list 写在方括号之间，元素用逗号隔开。
- 和字符串一样，list 可以被索引和切片。
- list 可以使用“+”操作符进行拼接。
- list 中的元素是可以改变的。

4.2.1 创建列表

创建列表的语法格式如下：

列表名=[值 1,值 2,…,值 *n*]

例如：

```
>>>list1=[1,2,3,4,5]
>>>list2=['181001','陈强',19,'计算机']    #数据项不需要具有相同的类型
>>>list3=[]
```

列表与字符串一样，索引从 0 开始。列表可以进行截取、组合等操作。列表截取的语法格式如下：

列表名称[头下标:尾下标[:[步长]]

其中索引值以 0 为开始值，-1 为从末尾的开始位置，步长默认为 1。例如：

```
>>> list2=[5,4,3,2,1]
>>> list2[3:4]
```

```
[2]
>>> list2[2:4]
[3, 2]
>>> >>> list2[0:4:2]
[5, 3]
```

●通过 list()函数来创建列表：

```
>>>list1=list((1,2,3,4,5))              #等价于 list1=[1,2,3,4,5]
>>>list2=list(range(1,6))               #等价于 list2=[1,2,3,4,5]
```

●使用迭代创建列表：

```
>>>list1=[i for i in range(1,10,2)]     #等价于 list1=[1,3,5,7,9]
>>>list2=[2*i for i in range(1,5)]      #等价于 list2=[2,4,6,8]
```

4.2.2　查询列表

可以使用索引下标来访问列表中的值，也可以使用方括号的形式来截取字符。

【例 4-16】查询列表元素。实例代码如下：

```
#!/test4.16.py

list1 = ['Python', 'nanfang', 2021, 2022];
list2 = [1, 2, 3, 4, 5, 6, 7 ,8,9,10];

print ("list1[1] :   ", list1[1])
print ("list2[3:8] :   ", list2[3:8])
```

以上程序运行结果为：

```
list1[1] :    nanfang
list2[3:8] :    [4, 5, 6, 7, 8]
```

4.2.3　更新列表

Python 可以对列表的数据项进行更新或修改，并且可以使用 append()函数来追加列表项。

【例 4-17】更新列表元素。实例代码如下：

```
#test4.17.py
List1 = ['Python', 'south', 2021,2022]
print ("第一个元素为：", list1[1])
list1[1] ='north'
print ("更新后的第一个元素为：", list1[1])
```

以上程序运行结果为：

```
第一个元素为：  south
更新后的第一个元素为：  north
```

4.2.4　删除列表元素

从列表中删除元素很容易，直接使用 del 语句来删除列表中的元素。

【例 4-18】删除列表元素。实例代码如下：

```
#!/test4.18.py

List1 = ['Python', 'south', 2021,2022]
```

```
print (list1)
del list1[1]
print ("删除第一个元素：", list1)
```

以上程序运行结果为：

```
['Python', 'south', 2021,2022]
删除第一个元素：['Python', 2021，2022]
```

del 除了能删除列表的元素，还能删除对象。例如：

```
>>> list1=[]
>>> list1
[]
>>> del list1
>>> list1    #此时会提醒出错（NameError: name 'list1' is not defined），因为对象被删除了
```

【例 4-19】使用内置函数 set()清除列表中重复的元素。实例代码如下：

```
#test4.19.pyList1 = [1,1,2,3,4,6,6,2,2,9]
List1 = list(set(lists))
print(list1)
```

4.2.5 列表常用函数

和字符串一样，在 Python 中为列表提供了很多方法，方便使用列表。

（1）适用于序列的函数，不改变列表本身，可用于列表、元组和字符串。

• list1.count(a)：返回统计列表 list1 中出现 a 的次数。

```
>>>list1=[1,2,3,1,2,3,1,2,3]
>>>list1.count(1)
3
```

• list1.index(a)：返回 a 在列表 list1 中出现的第一次下标。

```
>>>list1=[1,2,3,1,2,3,1,2,3]
>>>list1.index(3)
2
```

（2）只适用列表的函数，会对原列表产生影响，不产生新的列表。

• list1.append(a)：返回 a 追加到 list1 后的原列表。

```
>>>list1=[1,2,3,4]
>>>list1.append(5)
>>>list1
[1,2,3,4,5]
```

• list1.extend(a)：在列表 list1 尾部追加 a 中所有元素。

```
>>>list1=list('abc')
>>>list2=list('def')
>>>list1.extend(list2)
print(list1)
['a', 'b', 'c', 'd', 'e', 'f']
```

• list1.sort()：对列表 list1 进行排序，默认为升序。

```
>>>list1=[1,3,2,4,5]
>>list1.sort()
>>list1
[1,2,3,4,5]
```

●list1.reverse()：对列表 list1 进行降序排序。

```
>>>list1=[1,3,2,4,5]
>>list1.reverse()
>>list1
[5,4,3,2,1]
```

●list1.pop([i])：删除并返回列表 list1 中指定位置 i 的元素，默认为最后一个元素，若 i 大于上限，会出现异常。

```
>>list1=[1,2,3,4,5]
>>list1.pop(2)
[1,2,3,5]
```

●list1.insert(i,a)：在列表 list1 的 i 位置中插入元素 a，如果 i 的长度大于列表的长度，将以追加的形式插入。

```
>>>list1=[1,2,3,4,5,6]
>>>list1.insert(2,'b')
>>>list1
[1,2,'b',3,4,5,6]
```

●list1.remove(a)：从列表中删除元素 a，若不存在，抛出异常。

```
>>>list1=[1,2,3,4,5]
>>>list1.remove(3)
>>>list1
[1,2,4,5]
```

4.2.6　列表操作符

+和*操作符对列表的作用与字符串相似。+号用于连接列表，*号用于重复列表。+和*操作符的说明见表 4-3。

表 4-3　列表的+、*操作符

Python 表达式	描述	结果
len([1, 2, 3, 4, 5])	长度	5
[1, 2, 34] + [5, 6, 7, 8]	组合	[1, 2, 3, 4, 5, 6, 7 ,8]
['abc'] *3	重复	['abc', 'abc', 'abc']
5 in [1, 2, 3,4]	元素是否存在于列表中	False
for x in [1, 2, 3,4]: print(x, end="-")	迭代	1-2- 4-4-

Python 列表的截取和拼接操作与字符串类似，见表 4-4。

表 4-4　Python 列表截取和拼接

Python 表达式	描述	结果
lst[2]	读取第三个元素	'php '
lst[-2]	从右侧开始读取倒数第二个元素	'java'
lst[1:]	输出从第二个元素开始后的所有元素	['java', ' php ']
lst[0]+lst[1]	输出两个元素的组合	['Python', 'java']

注：其中 lst=['Python', 'java', 'php']。

【例 4-20】列表截取和连接。实例代码如下：

```
#test4.20.py
lst1 = [ 'abc', 123 ,4.56, 'def']
lst2 = [456, 'hij']
print (lst1 )            #输出完整列表 lst1
print (lst1[0])          #输出列表 lst1 的第一个元素
print (lst1[1:3] )       #输出 lst1 第二个至第三个的元素
print (lst1[2:] )        #输出 lst1 从第三个开始至列表末尾的所有元素
print (lst2 * 2    )     #输出列表 lst2 两次
print (lst1 + lst2 )     #打印组合的列表 lst1、lst2 运行结果
['abc', 123, 4.56, 'def']
abc
[123, 4.56]
[4.56, 'def']
[456, 'hij', 456, 'hij']
['abc', 123, 4.56, 'def', 456, 'hij']
```

4.2.7 列表嵌套

类似 while 循环的嵌套，列表也是支持嵌套的。一个列表中的元素又是一个列表，那么这就是列表的嵌套

```
school= [['中山大学','暨南大学'],['广州大学','五邑大学','广州南方学院'], ['广东工业大学','华南理工大学']]
```

可以使用嵌套列表，即在列表里创建其他列表。

【例 4-21】一个单位有 4 个办公室，现在有 10 位工人等待工位的分配，请编写程序，完成随机的分配嵌套列表，并输出嵌套列表。实例代码如下：

```
#test4.21.py
import random
offices = [[],[],[],[]]                           #定义一个列表用来保存 4 个办公室，嵌套列表
names = ['A','B','C','D','E','F','G','H','I','J']    #定义一个列表用来存储 10 位工人的名字
i = 0
for name in names:
    index = random.randint(0,3)
    offices[index].append(name)
i = 1
for temp in offices:
    print('办公室%d 的人数为：%d'%(i,len(temp)))
    i+=1
    for name in temp:
        print("%s"%name,end='-')
    print("\n")
print(offices)
```

以上程序运行结果为：

```
办公室 1 的人数为：2
C-J-
办公室 2 的人数为：4
```

```
D-F-G-H-
办公室 3 的人数为：2
A-E-
办公室 4 的人数为：2
B-I-
[['C', 'J'], ['D', 'F', 'G', 'H'], ['A', 'E'], ['B', 'I']]
```

4.3　元组

元组（tuple）与列表（list）一样，都是有序序列，在多数情况下，可以互相替换，操作也相似，但是仍有区别。

（1）元组是不可变的序列，可以对不需要修改的数据进行写保护，因此数据更加安全。而列表是可变的序列类型，可以随时追加、删除以及修改列表中的元素。

（2）元组使用小括号()，元素间用逗号分隔，列表使用方括号[]，元素间用逗号分隔。

（3）元组相当于只读的列表，能够在字典中作为关键字使用，而列表不能作为字典的关键字使用，因为列表是可以改变的。

（4）只要不企图修改元组，一般可以把元组作为列表来操作。

（5）当确定不再变化的批量数据，往往使用元组效率会更高。

4.3.1　创建元组

创建元组的语法格式：

```
元组名=(值 1,值 2,…,值 n)
```

实例如下：

```
tup1 =(1,2,3,4,5)
tup2 =('a','b','c','d','e')
tup3 =('2020001','陈强',18,'电子商务')
```

当然也可以创建一个空元组，如下所示：

```
tup1 = ()
tup2=(1,)   #元组中只包含一个元素时，需要在元素后面添加逗号，否则括号会被当作运算符使用
tup3=(1)   #tup3 为整数，等价于 tup3=1
```

•通过 tuple()函数来实现：

```
tup1=tuple("python")              #等价于 tup1=('p', 'y', 't', 'h', 'o', 'n')
```

•通过迭代循环来实现：

```
tup2=(i for I in range(1,10,2))    #等价于 tup2=(1,3,5,7,9)
```

4.3.2　元组的访问和查询

元组与字符串类似，可以被索引且下标索引从 0 开始，-1 为从末尾开始由后往前的位置，也可以进行截取。其实，可以把字符串看作一种特殊的元组。

元组有以下主要特点：

- 与字符串一样，元组的元素不能修改。
- 元组也可以被索引和切片，方法与字符串一样。

- 注意构造包含 0 或 1 个元素的元组的特殊语法规则。
- 元组也可以使用+操作符进行拼接。

访问格式如下：

```
元组名[下标值]
>>> tup3 =('2020001','陈强',18,'电子商务')
>>> tup3[1]      #'陈强'
>>> tup3[-1]     #'电子商务'
>>> tup3[0:2]    #('2020001', '陈强')
>>> tup3[1:]     #('陈强', 18, '电子商务')
```

【例 4-22】查询元组中的元素。实例代码如下：

```
#test4.22.py
tup1 = ('Python', 'nanfang', 2020, 2021)
tup2 = (7,6,5,4,3,2,1 )
print ("tup1[0]: ", tup1[0])
print ("tup2[1:5]: ", tup2[1:5])
```

以上程序运行结果为：

```
tup1[0]:   Python
tup2[1:5]:   (6, 5, 4, 3)
```

4.3.3 元组元素修改

元组中的元素值是不能够修改的，但可以对元组进行组合连接。

【例 4-23】元组组合连接。实例代码如下：

```
#test4.23.py
tup1 = (1,2)
tup2 = ('a ', 'b')
#以下修改元组元素操作是非法的
#tup1[0] = 3
#创建一个新的元组
tup3 = tup1 + tup2
print (tup3)
```

以上程序运行结果为：

```
(1, 2, 'a ', 'b')
```

4.3.4 删除整个元组

元组中的元素值是不能够删除的，但我们可以通过 del 语句来删除整个元组。

【例 4-24】删除元组。实例代码如下：

```
#test4.24.py
tup = ('Python', 'nanfang', 2020, 2021)
print (tup)
del tup
print ("删除后的元组 tup：")
print (tup)
```

以上实例元组被删除后，输出变量时会出现异常信息，以上程序运行结果为：

```
('Python', 'nanfang', 2020, 2021)
```

```
删除后的元组 tup：
Traceback (most recent call last):
  File "D:/python/Python38/124.py", line 5, in <module>
    print (tup)NameError: name 'tup' is not defined
```

4.4.5　元组运算符

和字符串一样，元组之间可以使用*号和+号来进行运算。这就能够让元组进行组合和复制运算，运算后会重新生成一个新的元组。Python 元组运算符见表 4-5。

表 4-5　Python 元组运算符

Python 表达式	结果	描述
len((1, 2, 3, 4))	4	计算元素个数
(1, 2, 3, 4) + (5, 6, 7, 8)	(1, 2, 3, 4, 5, 6, 7, 8)	连接
('ab',) * 4	('ab', 'ab', 'ab', 'ab')	复制
4　not in (1, 2, 3,4)	False	元素是否存在
for x in (1, 2, 3,4): print x	1 2 3 4	迭代

由于元组和列表一样都是一个序列，因此可以访问元组中的指定位置的元素，并且可以截取索引中的一部分元素，见表 4-6。

表 4-6　Python 元组索引和截取

Python 表达式	结果	描述
tup[2]	'php'	读取第三个元素
tup[-2]	'java'	反向读取：读取倒数第二个元素
tup[1:]	('java', 'php')	截取元素：从第二个开始后的所有元素

注：其中 tup=('Python','java','php')。

元组截取语法如下：

元组名[start:end]

截取的元组范围[start,end)

功能：获取开始下标到结束下标之前的所有元素。

若不指定 start 则默认是从开头开始截取到指定位置

若不指定 end 则默认从指定位置截取到结尾

【例 4-25】截取元组中的元素。实例代码如下：

```
#test4.25.py

tup= ('Python', 'java, 'php')
print(tup[2])
print(tup[-2])
print(tup[1:])
```

以上程序运行结果为：

```
php
java
('java', 'php')
```

4.4.6 元组与列表的转换

元组和列表之间可以通过 tuple()和 list()函数来进行转换，list()函数的参数是一个元组，返回一个包含同样元素的列表，tuple()函数接收一个列表为参数，返回一个包含同样元素的元组。

```
>>> tup1=([1,2,3],4,5)      #元素嵌套为列表
>>> lst1=list(tup1)
>>> lst1
[[1, 2, 3], 4, 5]
>>> tup1=tuple(lst1)
>>> tup1
    ([1, 2, 3], 4, 5)
```

4.4 集合

集合（set）：存储元素不重复，是无序的数据类型，只支持成员操作符、for 循环迭代、枚举。集合是一个无序的数据类型，添加顺序和在集合中的存储顺序不一样，不支持索引、重复、连接、切片。

4.4.1 集合创建

可以使用大括号{ }或者 set()函数创建集合，语法格式如下：

- 集合名={元素,元素 2,…,元素 *n*}

```
>>> set1={1,2,3,4,5}>>> set1
{1, 2, 3, 4, 5}
set2={'a','b','a','c','d'}
>>> set2
{'c', 'a', 'b', 'd'}              #注意，重复的元素会只显示第一次出现的
```

- 集合名=set(list or tuple)

```
>>> set3=set()                    #创建一个空集合
>>> set4=set([1,2,3,4,5])         #使用列表创建集合
>>> set4
{1, 2, 3, 4, 5}
>>> set5=set((1,2,3,4,5))         #使用元组创建集合
>>> set5
{1, 2, 3, 4, 5}
```

注意：创建一个空集合必须用 set()而不是{ }，因为{ }是用来创建一个空字典。

使用迭代创建一个集合：

```
>>> set6=set(i for i in range(1,10))
>>> set6
{1, 2, 3, 4, 5, 6, 7, 8, 9}
```

4.4.2　集合常用运算

集合支持多种运算，和数学的集合运算一样。

传统集合中的元素可以进行差集-、交集&、并集 | 和异或^运算。

```
s1-s2              #差运算
s1&s2              #交运算
s1 | s2            #并运算
s1^s2              #异或运算
```

【例 4-26】传统集合运算。实例代码如下：

```
#test4.26.py
a = set('abcde')
b = set('defg')
print(a)
print(a - b)       #a 和 b 的差集
print(a | b)       #a 和 b 的并集
print(a & b)       #a 和 b 的交集
print(a ^ b)       #a 和 b 中不同时存在的元素
```

以上程序运行结果为：

```
{'b', 'a', 'c', 'e', 'd'}
{'b', 'a', 'c'}
{'b', 'a', 'c', 'd', 'e', 'g', 'f'}
{'d', 'e'}
{'b', 'a', 'c', 'g', 'f'}
```

4.4.3　集合的比较运算

集合的比较运算返回结果均为逻辑型。

```
s1==s2             #s1 等于 s1
s1!=s2             #s1 不等于 s2
s1>=s2
s1<=s2
s1>s2
s1<s2
```

【例 4-27】集合比较运算。实例代码如下：

```
#test4.27.py
s1={1,2,3,4,5}
s2={5,4,3,2,1}
s1==s2
s1!=s2
s1>s2
s1<s2
s1>=s2
s1<=s2
```

以上程序运行结果为：

```
True   False   False   False   True   True
```

4.4.4 集合元素遍历运算

集合与循环语句配合使用，可以输出一个元素。

【例 4-28】集合遍历运算。实例代码如下：

```
#test4.28.py
s={1,2,3,4,5}
temp=0
for x in s:
print(x,end='|')    #使用分隔符
temp+=x
print(temp)
```

以上程序运行结果为：

```
1|2|3|4|5|15
```

4.4.5 集合常用函数

Python 基于面向对象方式为集合提供了许多方法，以下说明常用的集合函数。

```
s1.isdisjoint(s2)                #判断是否有交集，有返回 False，否则返回 True
s.add(x)                         #添加一项，无序
s.update([x1,x2,x3])             #添加了三项
s1.remove('x1')                  #删除 x1
len(s)                           #返回集合 s 的长度
x in s                           #测试 x 是否是 s 的成员
s1.issubset(s2)                  #是否是子集，返回 True
s1.issuperset(s2)                #s1 是 s2 的超集，返回 True
s1.union(s2)                     #并运算
s1.intersection(s2)              #交集
 s1.difference(s2)               #差集
s1.sysmetric_difference(s2)      #异或
s.copy()                         #返回 set s 的一个浅复制
s.pop()                          #删除任意元素
s.remove()                       #删除的元素不存在时报错
s.discard(x1)                    #删除的元素 x1 不存在时返回 none
```

读者可以自行设置集合进行验证。

4.5 字典

在 Python 中，字典（dictionary）是一个非常有用的内置数据类型。

列表和元组是有序的对象结合，字典是无序的对象集合。两者之间的区别在于：字典当中的元素是通过 key 来存取的，而不是通过偏移量存取。

字典可以存储任意类型的对象。字典的每个键值包含（key）键和（value）值两部分，两者之间使用冒号（:）分开。键与值之间用逗号（,）分隔开，整个字典包括在花括号（{}）中，格式如下所示：

```
字典名 ={键 1：值 1，键 2：值 2}
```

在字典中键必须是唯一的，值可以重复。值可以是任意的数据类型，但键是不能改变的，类型可为字符串型、数字型或元组。一个简单的字典实例如下：

```
dict = {'Alice': '2341', 'Beth': '9102', 'Cecil': '3258'}
```

也可像下面这样来创建字典：

```
dict1 = { 'a': 123 };
dict2 = { 'a': 123, 'b': 37 };
```

字典有以下主要特点：

- 字典是一种映射类型，它的元素是键值对。
- 字典的关键字必须为不可变类型，且不能重复。
- 建空字典需使用{ }。

4.5.1　字典访问

和列表、元组不同，字典是一个无序序列，其中的元素没有对应的索引值，所以只能通过键来查询值，语法格式如下：

```
字典名[key]
```

【例 4-29】查询字典中的键值。实例代码如下：

```
#test4.29.py
dict = {'姓名': '陈强', '年龄': 17, '专业': '电子商务'}
print ("dict['姓名']：", dict['姓名'])
print ("dict['专业']：", dict['专业'])
```

以上程序运行结果为：

```
dict['姓名']：陈强
dict['专业']：电子商务
```

4.5.2　字典修改

使用赋值语句可以增加和修改字典中的元素值，语法格式如下：

```
字典名[key]=value
```

如果字典中没有该键，则执行增加；如果字典中有该键，则执行修改。

【例 4-30】修改字典中的键值。实例代码如下：

```
#test4.30.py
dict = {'姓名': '陈强', '年龄': 17, '专业': '电子商务'}
dict['年龄'] = 18;                 #更新年龄
dict['学校'] = "中山大学"          #增加了一个键和值
print ("dict['年龄']：", dict['年龄'])
print ("dict['学校']：", dict['学校'])
```

以上程序运行结果为：

```
dict['年龄']：18
dict['学校']：中山大学
```

4.5.3　字典元素删除

可以删除字典中单个的元素，也可以清空整个字典，清空只需一项操作，删除一个字典用 del 命令，语法格式如下：

```
del 字典名[key]
```

如果在定义的字典中找到该键，就执行删除；如果没有找到该键，则会抛出异常。如果只有字典名，没有键名，则会删除整个字典。

【例 4-31】 删除字典中的键值。实例代码如下：

```
#test4.31.py
    dict = {'姓名': '陈强', '年龄': 17, '专业': '电子商务'}
del dict['姓名']              #删除键“姓名”
dict.clear()                  #清空字典
del dict                      #删除字典
print ("dict['年龄']：", dict['年龄'])
print ("dict['学校']：", dict['学校'])
```

以上程序的运行将会引发一个异常，因为执行 del 操作后字典就不存在了。以上程序运行结果为：

```
Traceback (most recent call last):
  File "D:/python/Python38/111.py", line 5, in <module>
    print ("dict['年龄']：", dict['年龄'])
TypeError: 'type' object is not subscriptable
```

还可以使用 pop()方法来删除字典中的元素，其语法格式如下：

```
字典名.pop(key,value)
>>> dict={'a':1,'b':2,'c':3}
>>> dict
{'a': 1, 'b': 2, 'c': 3}
>>> dict.pop("a",1)
1                             #返回该值，并删除
>>> dict
{'b': 2, 'c': 3}
```

4.6 综合应用

【例 4-32】 利用冒泡排序法，实现将一个列表从大到小的排列输出。

首先，我们要了解什么是冒泡排序。

冒泡排序是将一堆无序的元素，通过算法将它们变为有序。我们形象地理解为像是水中冒泡一样，使其中最大的一个一个冒出来。

冒泡排序的原理：通过函数将第一个元素与其后面的元素进行比较，选出较小的一个，然后继续跟后面的比较，直至比较最后一个。

也就是说通过第一轮比较后列表末尾的元素应该是这个列表中最小的元素。实例代码如下：

```
#注意代码之间要缩进，程序是自动缩进的
lst = [11,22,44,33,66,55,77,99,88,110]
for j in range(len(lst)-1):
            for i in range(len(lst)-1-j):
                        if lst[i] < lst[i+1]:
                                    lst[i],lst[i+1] = lst[i+1],lst[i]
print(lst)
```

以上程序运行结果为：

```
[110, 99, 88, 77, 66, 55, 44, 33, 22, 11]
```

习题 4

一、选择题

1．表达式“3 in [1,2,3,4]”的值是（　　）。

A．Yes　　B．No　　C．True　　D．False

2．下列选项中与 l[0:-1]表示的含义相同的是（　　）。

A．l[-1]　　B．l[:]　　C．l[:len(l)-1]　　D．l[0:len(l)]

3．对于列表 L=[1,2,'Python',[1,2,3,4,5]]，L[-2]的结果是（　　）。

A．1　　B．2　　C．'Python'　　D．[1,2,3,4,5]

4．tuple(range(1,10,2))的返回结果是（　　）。

A．[1,3,5,7]　　B．[2, 4, 6, 8, 10]

C．(1,3,5,7,9)　　D．(2, 4, 6, 8, 10)

5．下列 Python 程序的运行结果是（　　）。

```
s1=set([1,2,2,3,3,3,4,4,4,4])
s2={1,2,3,4,5}
print(s1&s2-s1.intersection(s2))
```

A．set()　　B．{1, 2, 4}　　C．[1,2,2,3,3,3,4]　　D．{1,2,5,6,4}

二、简答题

1．什么是空集合和空字典？如何创建？

2．列表和元组有什么异同？集合和字典有什么异同？

三、编程题

1．一个列表，依次存放每个月对应的天数，据用户输入的月份查询该月的天数并输出。

2．利用列表计算斐波纳契数列前 30 项并输出结果。

第 5 章　函数和模块

函数和模块是 Python 编程的核心内容之一，是本书中比较重要的一部分内容。模块化是 Python 语言的一个重要功能和特点。掌握好模块的使用，在程序设计过程中将会更加方便、快捷和准确地实现程序功能。

本章学习重点：

- 函数的定义
- 如何调用函数
- 参数传递和特殊参数
- Python 的标准模块
- 第三方时间模块

5.1　函数

5.1.1　函数定义

函数（functions）是指可重复使用的程序片段。允许你为某个代码块赋予名字，允许你通过这一特殊的名字在你的程序任何地方来运行代码块，并可重复任何次数。即所谓的调用（calling）函数。Python 同时也提供了非常多内置的函数，例如 print 和 range 等。

函数可能是在任何复杂的软件（无论使用的是何种编程语言）中都最重要的构建块，通过关键字 def 来定义。这一关键字后跟一个函数的标识符名称，再跟一对圆括号，其中可以包括一些变量的名称，再以冒号结尾，结束这一行，随后而来的语句块是函数的一部分。范例格式如下：

```
def 函数名(参数列表):
函数体
```

【例 5-1】打印出字符串的函数。实例代码如下：

```
def hello_world():
    #函数内容开始
    print('Hello World')
    #函数内容结束
```

【例 5-2】列出英语对话的函数。实例代码如下：

```
def conversation():
    #函数内容开始
    print('Hi, how are you?')
    print('I am fine and thank you.')
    #函数内容结束
```

5.1.2　函数调用

以前例代码中定义的名为 hello_world 和 conversation 的两个函数为例，这两个函数不使用参数，因此在括号中没有声明变量。函数的参数输入到函数之中，以便可以传递不同的值给它，并获得相应的结果。

要注意到可以两次调用相同的函数，这意味着不必重新把代码再写一次。

【例 5-3】调用 hello_world 和 conversation 函数。实例代码如下：

```
hello_world()
conversation()
```

以上程序运行结果为：

```
Hello World
Hi, how are you?
I am fine and thank you.
```

5.2　参数传递

函数可以获取参数，这个参数的值由用户所提供，借此，函数便可以利用这些值来做一些事情。这些参数与变量类似，这些变量的值在调用函数时已被定义，且在函数运行时均已赋值完成。

函数中的参数通过将其放置在用以定义函数的一对圆括号中指定，并通过逗号予以分隔。当调用函数时，可以同样的形式提供需要的值。要注意在此使用的术语——在定义函数时给定的名称称作“形参”（parameters），在调用函数时提供给函数的值称作“实参”（arguments）。

【例 5-4】设置了参数的取大值函数。实例代码如下：

```
def print_max(a, b):
    if a > b:
        print(a, 'is maximum')
    elif a == b:
        print(a, 'is equal to', b)
    else:
        print(b, 'is maximum')
```

在例 5-4 中，自定义的函数名称为 print_max，并设置了两个形参 a 和 b，实际调用 print_max 函数时，也需要给定相应数量的实参，具体方法如例 5-5 所示。

【例 5-5】设置了参数的取大值函数。实例代码如下：

```
#直接传递值
print_max(3, 4)

#通过变量传递参数
x = 5
y = 7
print_max(x, y)
```

以上程序运行结果为：

```
4 is maximum
    7 is maximum
```

在例 5-5 中可以看到，调用函数时传递形参，可以直接传递值，也可以通过变量传递，需要注意，调用函数时传递的实参数量必须与函数定义时的形参数量相符，否则就会发生报错。

5.2.1 参数传递对象

Python 函数的参数传递对象分为两种类型：不可修改对象和可修改对象。其中字符串（strings）、元组（tuple）和数字（number）是不可修改的对象，而列表（list）、字典（dictionary）等则是可修改的对象。

- 不可修改的对象：变量赋值 x=8 后再赋值 x=5，这里实际是新生成一个数值对象 5，再让 x 指向它，而 8 被丢弃，不是改变 x 的值，相当于新生成了 x。
- 可修改的对象：列表变量赋值 lst=['a','b','c','d']后再赋值 lst[2]='f'，则是将 lst 的第三个元素值更改，lst 本身没有改动，只是其内部的一部分值被修改了。

1. 传递不可修改的对象

【例 5-6】传递不可变对象类型。实例代码如下：

```
#变量重新赋值函数
def newVar(x):
    x = 10


y = 2
newVar (y)
print(y)
```

以上程序运行结果为：

```
2
```

以上实例中有整数对象 2，指向它的变量是 y，在传递给 newVar 函数时，按传值的方式复制了变量 y，x 和 y 都指向了同一个整数对象。在 x=10 时，则新生成一个数值对象 10，并让 x 指向它。

不可变对象参数，如整数、字符串、元组，在 newVar 函数中，传递的只是 y 的值，没有影响 y 对象本身。例如在 newVar 内部修改 y 的值，只是修改另一个复制的对象，不会影响 y 本身。

2. 传递可修改的对象

【例 5-7】传递可变对象类型。实例代码如下：

```
#修改传入的列表
def newList(myList):
    myList.append([1,2,3,4])
    print ("函数内取值：", myList)
    return

#调用 newList 函数
lst = [10,20,30]
newList(lst)
print ("函数外取值：", lst)
```

以上程序运行结果为：

```
函数内取值：[10, 20, 30, [1, 2, 3, 4]]
函数外取值：[10, 20, 30, [1, 2, 3, 4]]
```

以上实例中传入函数的对象和在末尾添加新内容的对象用的是同一个引用。

可变对象参数，如列表、字典，在 newList 函数中，则是将列表本身传过去，修改后函数外部的列表也会受影响。

5.2.2　参数传递类型

Python 调用函数时可使用的实参类型有四种：必需参数、关键字参数、默认参数和可变参数。

1. *必需参数*

必需参数的实参须以正确的顺序传入函数，调用时的数量必须和定义时的相同。

【例 5-8】传递必需参数。实例代码如下：

```
#打印任何传入的字符串
def printMe(content):
    print (content)
    return

#调用 printMe 函数
printMe()
```

以上实例输出结果会报错，程序运行结果为：

```
Traceback (most recent call last):
    File "test.py", line 10, in <module>
        printMe()
TypeError: printMe() missing 1 required positional argument: 'str'
```

以上实例调用 printMe()函数时，必须传入一个参数，否则会出现语法错误。

【例 5-9】求两个数的最大公约数。实例代码如下：

```
def getHCF(x, y):
    #获取最小值
    if x > y:
        smaller = y
    else:
        smaller = x

    for i in range(1,smaller + 1):
        if((x % i == 0) and (y % i == 0)):
            hcf = i

    return hcf

#用户输入两个数字
num1 = int(input("输入第一个数字："))
num2 = int(input("输入第二个数字："))

print( num1,"和", num2,"的最大公约数为", getHCF(num1, num2))
```

以上程序运行结果为：

```
输入第一个数字：145
输入第二个数字：24
145 和 24 的最大公约数为 1
```

2. 关键字参数

关键字参数和函数调用关系紧密，函数调用使用关键字参数来确定实参的参数值。使用关键字参数允许函数调用时参数的顺序与声明时不一致，因为 Python 解释器能够用参数名匹配参数值。

【例 5-10】传递关键字参数。实例代码如下：

```
def printMe(content):
    print (content);
    return;

#调用 printMe 函数
printMe( content = "Welcome")
```

以上程序运行结果为：

```
Welcome
```

【例 5-11】函数参数的使用不需要使用指定顺序的情况。实例代码如下：

```
def printPosition(name, pos):
"打印任何传入的字串"
    print ("姓名：", name)
    print ("职称：", pos)
    return

#调用 printPosition 函数
printPosition(pos = '副教授', name='雷小米' );
```

以上程序运行结果为：

```
姓名：雷小米
职称：副教授
```

3. 默认参数

调用函数时，如果没有传递实参，则会使用默认参数。

【例 5-12】在 printPosition()函数中，没有传入 pos 参数，则使用默认值。实例代码如下：

```
def printPosition(name, pos = '讲师' ):
    print ("姓名：", name);
    print ("职称：", pos);
    return;

printPosition( pos='副教授', name='雷小米  );
print ('******************')
printPosition( name="柳大想" );
```

以上程序运行结果为：

```
姓名：雷小米
职称：副教授
********************
```

```
姓名：柳大想
职称：讲师
```

4. 可变参数

有时你可能想定义的函数里面能够有任意数量的变量，也就是参数数量是可变的，这可以通过使用星号来实现。

【例 5-13】可变参数传递。实例代码如下：

```
def total(a=5, *numbers, **phonebook):
    print('a', a)

    #遍历元组中的所有项目
    for single_item in numbers:
        print('single_item', single_item)

    #遍历字典中的所有项目
    for first_part, second_part in phonebook.items():
        print(first_part,second_part)

print(total(10,1,2,3,Jack=1123,John=2231,Inge=1560))
```

以上程序运行结果为：

```
a 10
single_item 1
single_item 2
single_item 3
Inge 1560
John 2231
Jack 1123
None
```

5.3　匿名函数

所谓匿名函数就是不再使用 def 语句这样标准的形式定义的函数。

Python 语言使用 lambda 来创建匿名函数。lambda 只是一个表达式，函数体比 def 简单很多。lambda 的主体是一个表达式，而不是一个代码块。在 lambda 表达式中仅仅能封装有限的逻辑进去。lambda 函数拥有自己的命名空间，且不能访问自己形参之外或全域命名空间里的参数。lambda 函数的语法只包含一个语句，如下所示：

```
lambda [arg1 [,arg2,...argn]]:expression
```

【例 5-14】匿名函数。实例代码如下：

```
average = lambda arg1, arg2: (arg1 + arg2)/2;

print ("平均值为：", sum( 55, 45 ))
print ("平均值为：", sum( 99, 21 ))
```

以上程序运行结果为：

```
平均值为：50
平均值为：60
```

5.4 返回值

return 语句用于退出函数，选择性地向调用方返回一个表达式，不带参数值的 return 语句返回 None。

【例 5-15】return 语句。实例代码如下：

```
def average( arg1, arg2 ):
    #返回两个参数的平均值
    result = (arg1 + arg2)/2
    print ("函数内：", result)
    return result;

#调用 average 函数
result = average( 10, 20 );
print ("函数外：", result)
```

以上程序运行结果为：

```
函数内：15
函数外：15
```

5.5 变量作用域

5.5.1 局域变量和全域变量

定义在函数内部的变量拥有局部作用域，定义在函数外部的变量拥有全局作用域。

局域变量只能在其被声明的函数内部被访问，而全域变量可以在整个程序范围内被访问。调用函数时，所有在函数内声明的变量都将被加入到作用域中。

【例 5-16】局域变量和全域变量的作用域。实例代码如下：

```
result = 0;                    #这是一个全域变量
def average( arg1, arg2 ):
    result = arg1 + arg2;      #result 在这里是局域变量
    print ("函数内是局域变量：", result)
    return result

#调用 average 函数
average(35, 65);
print ("函数外是全域变量：", result)
```

以上程序运行结果为：

```
函数内是局域变量：50
函数外是全域变量：0
```

5.5.2 global 关键字

如果想把变量的作用域由内部修改为外部，就要用到 global 关键字了，可以把局域变量修改为全域变量。

【例 5-17】把局域变量 exam 修改为全域变量。实例代码如下：

```
exam = 3
def glo():
    global exam       #需要使用 global 关键字声明
    print(exam)
    exam = 333
    print(exam)
fun1()
```

以上程序运行结果为：

```
3
333
```

【例 5-18】修改未定义的变量程序将会报错。实例代码如下：

```
x = 99

def glo():
    x = x + 1
    print(x)

glo()
```

以上程序运行结果为：

```
Traceback (most recent call last):
  File "glo.py", line 7, in <module>
    glo()
  File "glo.py", line 5, in test
    x = x + 1
UnboundLocalError: local variable 'x' referenced before assignment
```

以上实例中，因为 test()函数中的 x 是局域变量，未定义，无法修改，因而程序运行后会报错。

5.6　模块

5.6.1　模块定义

Python 提供了一个方法，可以把事先定义的方法和变量存放在文件中，作为一些脚本或者交互式的解释器程序使用，这个文件被称为模块。模块是一个包含所有定义的函数和变量的文件，其后缀是.py。模块可以被别的程序引入，以使用该模块中的函数等功能，这也是使用 Python 标准库的方法。

【例 5-19】使用 Python 标准库中的一个模块。实例代码如下：

```
import math

print('圆周率：' + math.pi)
```

以上程序运行结果为：

```
圆周率：3.141592653589793
```

在以上程序实例中：

- import math 引入 Python 标准库中的 math.py 模块。这是引入某一模块的方法。
- math.pi 是 math 模块下的常数 pi。

5.6.2 模块导入

（1）import 语句。要导入 Python 源文件，只需在另一个源文件里执行 import 语句，语法如下：

```
import module1[, module2[,... moduleN]
```

当解释器遇到 import 语句时，如果模块在当前的搜索路径它就会被导入。搜索路径是解释器先进行搜索的所有目录的列表。例如想要导入模块 support，需要把导入模块的命令放在脚本的顶端。

【例 5-20】example.py 文件作为模块被使用。实例代码如下：

```
#文档名称: example.py

def sayHello(to):
    print ('Hi ' + to)
    return
```

【例 5-21】在 5-21.py 中引入 example 模块。实例代码如下：

```
#导入模块
import example
#现在可以调用模块里包含的函数了
example.sayHello('雷小米')
```

以上程序的运行结果为：

```
Hi 雷小米
```

不管执行多少次 import，一个模块只会被导入一次。这样可以防止导入模块被一遍又一遍地执行。Python 解释器通过搜索路径找到对应的导入文件。搜索路径是由一系列目录名组成的，Python 解释器依次从这些目录中去寻找所要导入的模块。搜索路径是在 Python 编译或安装的时候确定的，它被存储在 sys 模块中的 path 变量中，可以在交互式解释器中输入以下代码来确定 path 变量所代表的路径：

```
>>> import sys
>>> sys.path
['', '/usr/lib/python3.4', '/usr/lib/python3.4/plat-x86_64-linux-gnu', '/usr/lib/python3.4/lib-dynload', '/usr/local/lib/python3.4/dist-packages', '/usr/lib/python3/dist-packages']
>>>
```

（2）from…import 语句。Python 的 from 语句可以从模块中导入一个指定的部分到当前命名空间中，语法如下：

```
from modname import name1[, name2[,... nameN]]
```

这个语句不会把整个模块导入到当前的命名空间中，它只会将模块里的 name1 和 name2 等函数引入进来。

（3）from…import* 语句。把一个模块的所有内容全都导入到当前的命名空间也是可行的，语法如下：

```
from modname import*
```

这是一个用来导入模块中的所有项目的简单方法。

习题 5

一、填空题

1．每一个 Python 的__________都可以被当作一个模块。导入模块要使用关键字__________。

2．Python 中定义函数的关键字是__________。

3．在函数内部可以通过关键字__________来定义全局变量。

4．如果函数中没有 return 语句或者 return 语句不带任何返回值，那么该函数的返回值为__________。

5．表达式 sum(range(10))的值为__________。

6．表达式 sum(range(1, 10, 2)) 的值为__________。

7．Python 关键字 elif 表示__________和__________两个单词的缩写。

二、判断题

1．尽管可以使用 import 语句一次导入任意多个标准库或扩展库，但是仍建议每次只导入一个标准库或扩展库。（　）

2．为了让代码更加紧凑，编写 Python 程序时应尽量避免加入空格和空行。（　）

3．定义函数时，即使该函数不需要接收任何参数，也必须保留一对空的圆括号来表示这是一个函数。（　）

4．编写函数时，一般建议先对参数进行合法性检查，然后再编写正常的功能代码。（　）

5．一个函数如果带有默认值参数，那么必须所有参数都设置默认值。（　）

6．定义 Python 函数时必须指定函数返回值类型。（　）

7．定义 Python 函数时，如果函数中没有 return 语句，则默认返回空值 None。（　）

8．如果在函数中有语句 return 3，那么该函数一定会返回整数 3。（　）

9．函数中必须包含 return 语句。（　）

10．函数中的 return 语句一定能够得到执行。（　）

11．不同作用域中的同名变量之间互相不影响，也就是说，在不同的作用域内可以定义同名的变量。（　）

12．全域变量会增加不同函数之间的隐式耦合度，从而降低代码可读性，因此应尽量避免过多使用全域变量。（　）

13．当函数调用结束后，函数内部定义的局域变量被自动删除。（　）

14．在函数内部，既可以使用 global 来声明使用外部全域变量，也可以使用 global 直接定义全域变量。（　）

15．在函数内部没有办法定义全域变量。（　）

16．在函数内部直接修改形参的值并不影响外部实参的值。（ ）

17．在函数内部没有任何方法可以影响实参的值。（ ）

18．调用带有默认值参数的函数时，不能为默认值参数传递任何值，必须使用函数定义时设置的默认值。（ ）

19．在同一个作用域内，局域变量会隐藏同名的全域变量。（ ）

20．形参可以看作函数内部的局域变量，函数运行结束之后形参就不可访问了。（ ）

三、简答题

在 Python 里导入模块中的对象有哪几种方式？

第 6 章　面向对象设计

面向对象程序设计（Object Oriented Programming，OOP）的思想主要针对大型软件设计而提出，使得软件设计更加灵活，能够很好地支持代码复用和设计复用，并且使得代码具有较好的可读性和可扩展性。面向对象程序设计的一条基本原则是计算机程序由多个能够起到子程序作用的单元或对象组合而成，这大大地降低了软件开发的难度，使得编程就像搭积木一样简单。面向对象程序设计的一个关键性观念是将数据以及对数据的操作封装在一起，组成一个相互依存、不可分割的整体，即对象。对于相同类型的对象进行分类、抽象后，得出共同的特征而形成了类。面向对象程序设计的关键就是合理地定义和管理这些类以及类之间的关系。

Python 完全采用了面向对象程序设计的思想，是真正面向对象的脚本语言，完全支持面向对象的基本功能。本章将详细介绍 Python 面向对象设计相关知识。首先，介绍 Python 中的类提供了面向对象设计的所有基本功能。其次，介绍类的继承机制允许多个基类；派生类可以覆盖基类中的任何方法。最后，介绍方法中可以调用基类的同名方法；对象可以包含任意数量和类型的数据。

本章学习重点：

- 类和对象
- 类的继承和多态
- 多继承
- 方法重载

6.1　类和对象

6.1.1　定义和使用类

1. 定义类

类（class）是用来描述具有相同属性和方法的对象的集合。Python 使用 class 关键字来定义类，class 保留字之后是一个空格，然后是类的名字，再然后是一个冒号，最后换行并定义类的内部实现。类名的首字母一般要大些，当然也可以按照自己的习惯定义类名，但是一般推荐参考惯例来命名，并在整个系统的设计和实现中保持一种风格，这一点对于团队合作尤其重要。类定义的简单形式如下：

```
class   className:    #新式类必须有至少一个基类
    def   infor(self):
        ⋮
    <statement-N>
```

【例 6-1】定义一个 Person 人员类。实例代码（此程序单独运行）如下：

```
#!/usr/bin/python3.8

class  Person:
    Num=0                           #成员变量（属性）
    Def  SayHello(self):            #成员函数
        Print("Hello!");
```

在 Person 类中定义一个成员函数 SayHello(self)，用于输出字符串"Hello!"。同样，Python 使用缩进标识类的定义代码。

（1）成员函数（成员方法）：在 Python 中，函数和成员方法（成员函数）是有区别的。成员方法一般是指与特定实例绑定的函数，通过对象调用成员方法时，对象本身将被作为第一个参数传递过去，普通函数并不具备这个特点。

（2）self：可以看到，在成员函数 SayHello()中有一个参数 self。这也是类的成员函数（方法）与普通函数的主要区别。类的成员函数必须有一个参数 self，而且位于参数列表的开头。self 就是代表类的实例（对象）自身，可以使用 self 引用类中的属性和成员函数。在类的成员函数中访问实例属性时需要以 self 为前缀，但在外部通过对象名调用对象成员函数时并不需要传递这个参数。如果在外部通过类名调用对象成员函数则需要显式为 self 参数传值。

2. 定义对象

类对象支持两种操作：属性引用和实例化。对象是类的实例。如果人类是一个类，那么某个具体的人就是一个对象。只有定义了具体的对象，才能通过“对象名.成员”的方式来访问其中的数据成员或成员方法。Python 创建对象的语法如下：

```
对象名 = 类名()
```

【例 6-2】定义一个类 Person 的对象 p。实例代码如下：

```
#!/usr/bin/python3.8

p=Person()
p.SayHello()                    #访问成员函数 SayHello()
```

以上程序运行结果为：

```
Hello!
```

【例 6-3】创建一个类将其赋值给实例对象。实例代码如下：

```
#!/usr/bin/python3.8

class MyClass:
"""一个简单的类实例"""
    i = 'python'
    def f(self):
        return 'hello world'

#实例化类
x = MyClass()

#访问类的属性和方法
print("MyClass 类的属性 i 为：", x.i)
```

```
print("MyClass 类的方法 f 输出为：", x.f())
```

以上程序运行结果为：

```
MyClass 类的属性 i 为： python
MyClass 类的方法 f 输出为： hello world
```

6.1.2　构造函数_ _init_ _()

类可以定义一个特殊的称为_ _init_ _()的方法（构造函数，以两个下划线“_”开头和结束）。一个类定义了_ _init_ _()方法以后，类实例化时就会自动为新生成的类实例调用_ _init_ _()方法。构造函数一般用于完成对象数据成员设置初值或进行其他必要的初始化工作。如果用户未定义构造函数，Python 将提供一个默认的构造函数。

【例 6-4】定义一个复数类 Complex，构造函数完成对象变量初始化工作。实例代码如下：

```
#!/usr/bin/python3.8

class Complex:
    def  __init__(self,realpart,imagpart):
         self.r = realpart
        self.i = imagpart
    x = Complex(3.0,-4.5)
    print(x.r,x.i)
```

以上程序运行结果为：

```
3.0  -4.5
```

6.1.3　析构函数

Python 中类的析构函数是_ _del_ _()，用来释放对象占用的资源，在 Python 收回对象空间之前自动执行。如果用户未定义析构函数，Python 将提供一个默认的析构函数进行必要的清理工作。例如：

```
class  Complex:
    def  __init__(self,realpart,imagpart):
          self.r = realpart
          self.i = imagpart
    def  __del__(self):
          Print("Complex 不存在了")
x = Complex(3.0,-4.5)
print(x.r,x.i)
print(x)
del x                                  #删除 x 对象变量
```

以上程序运行结果为：

```
3.0    -4.5
<__main__.Complex object at 0x01F87C90>
Complex 不存在了
```

说明：在删除 x 对象变量之前，x 是存在的，在内存中的标识为 0x01F87C90，执行“del　x”语句后，x 对象变量不存在了，系统自动调用析构函数，所以出现“Complex 不存在了”。

6.1.4 实例属性和类属性

属性（成员变量）有两种：一种是实例属性；另一种是类属性（类变量）。实例属性是在构造函数_ _init_ _（以两个下划线“_ _”开头和结束）中定义的，定义时以 self 作为前缀；类属性是在类中方法之外定义的属性。在主程序（在类的外部）中，实例属性属于实例（对象），只能通过对象名访问；类属性属于类，可通过类名访问，也可以通过对象名访问，为类的所有实例共享。

【例 6-5】定义含有实例属性（姓名 name、年龄 age）和类属性（人数 num）的 Person 人员类。实例代码如下：

```
#!/usr/bin/python3.8

class   Person:
  num = 0;
  def __init__(self, name,age):
          self.name=name
          self.age=age
          Person.num =1
  def   SayHello(self):                    #成员函数
      print("Hello")
  def   PrintName(self):
      print("姓名：",self.name,"年龄：",self.age)
  def   PrintNum(self):
      print(Person.num)
          #主程序
P1 = Person("毛老师",42)
P2 = Person("甘老师",39)
P1.PrintName()
P2.PrintName()
Person.num=2     #修改类属性
P1.PrintNum()
P2.PrintNum()
```

以上程序运行结果为：

```
姓名：毛老师        年龄：42
姓名：甘老师        年龄：39
2
2
```

其中，num 变量是一个类变量，它的值将在这个类的所有实例之间共享。用户可以在类内部或类外部使用 Person.num 访问。

6.1.5 私有属性和方法

1. 私有属性

Python 并没有对私有成员提供严格的访问保护机制。在定义类的属性时，如果属性名以两个下划线“_ _”开头则表示是私有属性，否则是公有属性。私有属性在类的外部不能直接访问，需要通过调用对象的公有成员方法来访问，或者通过 Python 支持的特殊方法来访问。

Python 提供了访问私有属性的特殊方式，可用于程序的测试和调试，对于成员方法也具有同样的性质。这种方式如下：

对象名._类名+私有成员

【例 6-6】访问 Person 类私有成员_ _weight。实例代码如下：

```
car1. _Person_ _weight
```

私有属性是为了数据封装和保密而设的属性，一般只能在类的成员方法（类的内部）中进行访问。虽然 Python 支持一种特殊的方式来从外部直接访问类的私有成员，但是并不推荐这样做。公有属性是可以公开使用的，即可以在类的内部进行访问，也可以在外部程序中使用。

【例 6-7】为 Person 类定义私有成员 weight。实例代码如下：

```
#!/usr/bin/python3.8


class Person:
        num=0                                #类属性
        def_ _init_ _(self,str,n,w):         #构造函数
            self.name = str                  #定义公有属性
            self.age=n                       #定义公有属性
            self._ _weight=w                 #定义公私有属性_ _weight
            Person.num+=1                    #修改类属性
#主程序
P1=Person("毛老师",42,120)
P1=Person("甘老师",39,80)
print (P1.name)
print (P1._Person_ _weight)
print (P1. _ _weight)                        #AttributeError
```

以上程序运行结果为：

```
毛老师
120
AttributeError：“Person” object has no attribute “_ _weight”
```

最后一句由于不能直接访问私有属性，所以出现 AttributeError：“Person” object has no attribute “_ _weight”错误提示。而公有属性 name 可以直接访问。

在 IDLE 环境中，在对象或类名后面加上一个圆点“.”，稍后则会自动列出其所有公开成员，模块也具有同样的特点。而如果在圆点“.”后面再加一个下划线“_”，则会列出该对象或类的所有成员，包括私有成员。

说明：在 Python 中，以下划线开头的变量名和方法名有特殊的含义，尤其是在类的定义中。用下划线作为变量名和方法名前缀和后缀来表示类的特殊成员。

（1）_xxx：这样的对象称为保护成员，不能用“from module import *”导入，只有类和子类内部成员方法（函数）能访问这些成员。

（2）_ _xxx_ _：系统定义的特殊成员。

（3）_ _xxx：类中的私有成员，只有类自己内部成员方法（函数）能访问，子类内部成员也不能访问到这个私有成员，但在对象外部可以通过“对象名._类名_ _xxx”这样的特殊方式来访问。Python 中不存在严格意义上的私有成员。

2. *方法*

在类中定义的方法可以粗略分为三大类：公有方法、私有方法、静态方法。其中，公有方法、私有方法都属于对象，私有方法的名字以两个下划线“_ _”开始，每个对象都有自己的公有方法和私有方法，在这两类方法中可以访问属于类和对象的成员；公有方法通过对象名直接调用，私有方法不能通过对象名直接调用，只能在属于对象的方法中通过 self 调用或在外部通过 Python 支持的特殊方式来调用。如果通过类名来调用属于对象的公有方法，需要显式为该方法的 self 参数传递一个对象名，用来明确指定访问哪个对象的数据成员。

静态方法可以通过类名和对象名调用，但不能直接访问属于对象的成员，只能访问属于类的成员。

【例 6-8】公有方法、私有方法、静态方法的定义和调用。实例代码如下：

```
class  Person:
    num = 0                              #类属性
    def __init__(self,str,n,w)           #构造函数
        self.name = str                  #对象实例属性（成员）
        self.age = n
        self.__weight = w                #定义私有属性__weight
        Person.num += 1
    def  __outputWeight(self):           #定义私有方法 outputWeight()
       print("体重：",self.__weight)      #访问私有属性__weight
    def  PrintName(self):
        print("姓名：",self.name,"年龄：",self.age,end="")
        self.outputWeight()              #调用私有方法 outputWeight()
    def  PrintNum(self):                 #定义公有方法（成员函数）
        print(Person.num)                #由于是类属性，因此不写 self.num
    @ staticmethod
    def  getNum(self):                   #定义静态函数 getNum()
        return Person.num

#主程序
P1 = Person("毛老师",42,120)
P2 = Person("甘老师",39,80)
#P1.outputWeight()                       #“Person” object has no attribute “outputWeight”
P1.PrintName()
P2.PrintName()                           #或者 Person.PrintName(P2)调用
print("人数："，Person.getNum())
print("人数："，P1.getNum())
```

以上程序运行结果为：

```
姓名：毛老师    年龄：42    体重：120
姓名：甘老师    年龄：39    体重：80
人数：2
人数：2
```

6.2　类的继承和多态

继承是为代码复用和设计复用而设计的，是面向对象程序设计的重要特征之一。当设计一个新类时，如果可以继承一个已有的设计良好的类然后进行二次开发，无疑会大幅减少开发工作量。

6.2.1　类的继承

继承是面向对象最显著的一个特性。继承是使用已存在的类的定义作为基础建立新类的技术，新类的定义可以增加新的数据或新的功能，也可以用父类的功能，但不能选择性地继承父类。这种技术使得复用以前的代码非常容易，能够大大缩短开发周期，降低开发费用。

类的继承语法定义如下：

```
class 派生类名(基类名):              #基类名写在括号里
    派生类成员
```

在继承关系中，已有的、设计好的类称为父类或基类，新设计的类称为子类或派生类。派生类可以继承父类的公有成员，但是不能继承其私有成员。

在 Python 中继承的一些特点如下：

（1）在继承中基类的构造函数（_ _init_ _()方法）不会被自动调用，它需要在其派生类的构造中专门调用。

（2）如果需要在派生类中调用基类的方法，可通过“基类名.方法名()”的方式来实现，需要加上基类的类名前缀，且需要带上 self 参数变量，而在类中调用普通函数时并不需要带上 self 参数。也可以使用内置函数 super()实现这一目的。

（3）Python 总是首先查找对应类型的方法，如果它不能在派生类中找到对应的方法，才开始到基类中逐个查找（先在本类中查找调用的方法，找不到才去基类中找）。

【例 6-9】类的继承应用实例。实例代码如下：

```
#!/usr/bin/python3.8

#类定义
class Parent:                    #定义父类
parentAttr = 100
def 1 _ _init_ _(self):
    print("调用父类构造函数")
    def 1 parentMethod(self):
    print("调用父类方法")
    def 1 setAttr(self,attr):
    Parent.parentAttr = attr
    def 1 getAttr(self):
    print("父类属性：", Parent.parentAttr)

class Child(Parent):             #定义子类
def 1 _ _init_ _(self):
    print("调用子类构造函数")
```

```
        def 1 childMethod(self):
        print("调用子类方法 child method")

    #主程序
    c = child()                 #实例化子类
    c.childMethod()             #调用子类的方法
    c.parentMethod()            #调用父类的方法
    c.setAttr(200)              #再次调用父类的方法
    c.getAttr()                 #再次调用父类的方法
```

以上程序运行结果为：

```
调用子类构造函数
调用子类方法 child method
调用父类方法
父类属性：200
```

【例 6-10】设计 Person 类，并根据 Person 派生 Student 类，分别创建 Person 类与 Student 类的对象。实例代码如下：

```
#!/usr/bin/python3.8
#定义基类：Person 类
import  types
class Person(object):    #基类必须继承于 object，否则在派生类中将无法使用 super()函数
    def 1 _ _init_ _(self,name='',age = 20,sex='man'):
            self.setName(name)
            self.setAge(age)
            self.setSex(sex)
    def 1 setName(self,name):
            if type(name) !=str:   #内置函数 type()返回被测对象的数据类型
                print("姓名必须是字符串")
                return
            self._ _name = name
def 1 setName(self,age):
            if type(name) != int:
                print("年龄必须是整型")
                return
            self._ _age = age
    def 1 setName(self,sex):
            if sex != "男" and sex!= "女":
                print("性别输入错误")
                return
            self._ _sex = sex
    def   show(self):
            #定义子类（Student 类），其中增加一个入学年份私有属性（数据成员）
            print("姓名：",self._ _name, "年龄：",self._ _age, "性别：",self._ _sex)
class   Student(Person):
    def _ _int_ _(self,name='',age=20,sex='man',schoolyear=2021):
           #调用基类构造方法初始化基类的私有数据成员
           super(Student,self)._ _init_ _(name,age,sex)
```

```
        #Person.__init__(self,name,age,sex)     #也可以这样初始化基类私有数据成员
        self.setSchoolyear(schooyear)
    def setSchoolyear(self,schoolyear):
        self.__schoolyear = schoolyear
    def show(self):
        Person.show(self)                        #调用基类 show()方法
        #super(student,self).show()              #也可以这样调用基类 show()方法
        print('入学年份：',self.__schoolyear)

#主程序
if __name__=="__main__":
    zhangsan = Person("张三",19,"男")
    zhangsan.show()
    lisi =Student("李四",18,"男",2020)
    lisi.show()
    lisi.setAge(20)                              #调用继承的方法修改年龄
    lisi.show()
```

以上程序运行结果为：

```
姓名：张山　　年龄：19　　性别：男
姓名：李四　　年龄：18　　性别：男
入学年份：2021
姓名：李四　　年龄：20　　性别：男
入学年份：2020
```

当需要判断类之间的关系或者某个对象实例是哪个类的对象时，可以使用 issubclass()或者 isinstance()方法来检测。

（1）issubclass(sub,sup)：布尔函数，判断一个类 sub 是否是另一个类 sup 的子类或者子孙类，是则返回 True。

（2）isinstance(obj,Class)：布尔函数，如果 obj 是 Class 类或者是 Class 子类的实例对象，则返回 True。

6.2.2　类的多继承

Python 的类可以继承多个基类。继承的基类列表跟在类名之后。多继承类的定义如下：

```
class SumClassName(Base1, Base2, Base3):
<ParentClass-1>
    ⋮
<ParentClass-N>
```

参数说明：

- Base：父类名称，若是父类中有相同的方法名，而在子类使用时未指定，Python 从左至右搜索。即方法在子类中未找到时，从左到右查找父类中是否包含此方法。

例如，定义 C 类继承 A、B 两个基类如下：

```
Class   A:              #定义类 A
......
Class   B:              #定义类 B
......
```

```
Class   C(A,B):            #派生类 C 继承类 A 和 B
......
```

【例 6-11】多继承类实例。实例代码如下：

```
#!/usr/bin/python3.8

#类定义
class people:
    #定义基本属性
    name = ''
    age = 0
    #定义私有属性，私有属性在类外部无法直接进行访问
    __weight = 0

    #定义构造方法
    def __init__(self,n,a,w):
        self.name = n
        self.age = a
        self.__weight = w
    def speak(self):
        print("%s 说：我%d 岁。" %(self.name,self.age))

#单继承示例
class student(people):
    grade = ''
    def __init__(self,n,a,w,g):

        #调用父类的构造函数
        people.__init__(self,n,a,w)
        self.grade = g

    #覆写父类的方法
    def speak(self):
        print("%s 说：我%d 岁了，我在读%d 年级"%(self.name,self.age,self.grade))

#另一个类，多继承之前的准备
class speaker():
    topic = ''
    name = ''
    def __init__(self,n,t):
        self.name = n
        self.topic = t
    def speak(self):
        print("我叫%s，我是一个演说家，我演讲的主题是 %s"%(self.name,self.topic))

#多继承
class sample(speaker,student):
    a =''
    def __init__(self,n,a,w,g,t):
```

```
        student.__init__(self,n,a,w,g)
        speaker.__init__(self,n,t)

test = sample("Tim",25,80,4,"Python")

test.speak()   #方法名同，默认调用的是在括号中排在前边的父类的方法
```

以上程序运行结果为：

```
我叫 Tim，我是一个演说家，我演讲的主题是 Python
```

6.2.3 方法重写

重写必须出现在继承中。它是当派生继承了基类的方法之后，如果基类方法的功能不能满足需求，则需要对基类中的某些方法进行修改。可以在派生类重写基类的方法，这称为方法重写。

【例 6-12】重写父类（基类）的方法。实例代码如下：

```
#!/usr/bin/python3.8

class Animal:                          #定义父类
    def run(self):
        print ('Animal is running...')     #调用父类方法
class Cat(Animal):                     #定义子类
    def run(self):
        print (Cat is running...')         #调用子类方法
class Dog(Animal):                     #定义子类
    def Dog(self):
        print (Dog is running...')         #调用子类方法
c = Dog()                              #子类实例
c.run()                                #子类调用重写方法
```

以上程序运行结果为：

```
Dog is running...
```

当子类 Dog 和父类 Animal 都存在相同的 run()方法时，子类的 run()覆盖了父类的 run()，在代码运行时，总会调用子类的 run()。这样，就获得了继承的另一个优点：多态。

6.2.4 运算符重载

Python 同样支持运算符重载，可以对类的专有方法进行重载。Python 把运算符与类的方法关联起来，每个运算符对应一个函数，因此重载运算符就是实现函数。常用运算符与函数方法的对应关系见表 6-1。

表 6-1　常用运算符与函数方法的对应关系

函数方法	重载的运算符	说明	调用举例
__add__	+	加法	Z=X+Y,X+=Y
__sub__	-	减法	Z=X-Y,X-=Y
__mul__	*	乘法	Z=X*Y,X*=Y

续表

函数方法	重载的运算符	说明	调用举例
_ _div_ _	/	除法	Z=X/Y,X/=Y
_ _lt_ _	<	小于	X<Y
_ _eq_ _	= =	等于	X==Y
_ _len_ _	长度	对象长度	len(X)
_ _str_ _	输出	输出对象时调用	print(X),str(X)
_ _or_ _	或	或运算	X|Y,X|=Y

所以，在 Python 中定义类时，可以通过实现一些函数来实现重载运算符。

【例 6-13】对 Vector 类重载运算符。实例代码如下：

```
#!/usr/bin/python3.8

class Vector:
    def _ _init_ _(self, a, b):
        self.a = a
        self.b = b
    def _ _str_ _(self):                    #重写 print()方法，打印 Vector 对象实例信息
        return 'Vector (%d, %d)' % (self.a, self.b)

    def _ _add_ _(self,other):              #重载“+”运算符
        return Vector(self.a+other.a, self.b+other.b)
    def _ _add_ _(self,other):              #重载“-”运算符
        return Vector(self.a-other.a, self.b-other.b)

#主程序
v1 = Vector(2,10)
v2 = Vector(5,-2)
print (v1 + v2)
```

以上程序运行结果为：

```
Vector (7, 8)
```

可见，Vector 类中只要实现_ _add_ _()方法就可以实现 Vector 对象实例间的“+”运算。读者可以如例子所示实现复数的加减乘除四则运算。

习题 6

一、选择题

1．构造函数是类的一个特殊函数，在 Python 中，构造函数的名称为（　　）。

A．与类同名　　B．self　　C．_init_　　D．init

2．Python 中定义私有变量的方法是（　　）。

A．使用 this 关键字　　B．使用 private 关键字

C．__变量名　　D．变量名__

3．使用（　　）关键字来创建 Python 自定义函数。

A．function　　B．func　　C．procedure　　D．def

4．析构函数是类的一个特殊函数，在 Python 中，析构函数的名称为（　　）。

A．与类同名　　B．_construct　　C．_ _del_ _　　D．init

5．Python 中定义函数的关键字是（　　）。

A．def　　B．define　　C．function　　D．defunc

二、填空题

1．类对象支持两种操作：__________和__________。

2．__init__()方法是一种特殊的方法，被称为类的__________。

3．可以在类定义的属性和方法前面加上__________来定义类的私有属性和方法。

4．如果父类方法的功能不能满足子类的需求，可以在子类重写父类的方法，这称为__________。

5．继承关系是传递的。若类 C 继承类 B，类 B 继承类 A，则类 C（多继承）既有从类 B 那里继承下来的属性与方法，也有从类 A 那里继承下来的属性与方法，还可以有自己新定义的属性和方法。继承来的属性和方法尽管是隐式的，但仍是__________的属性和方法。

三、编程题

1．编写程序，定义一个 Circle 类，根据圆的半径求周长和面积。再由 Circle 类创建两个圆对象，其半径分别为 5 和 10，要求输出各自的周长和面积。

2．请为学校图书管理系统设计一个管理员类和一个学生类。其中，管理员信息包括工号、年龄、姓名和工资；学生信息包括学号、年龄、姓名、所借图书和借书日期。最后编写一个测试程序对产生的类的功能进行验证。建议：尝试引入一个基类，使用集成来简化设计。

3．用 Python 定义一个圆柱体类 Cylinder，包含底面半径和高两个属性（数据成员），一个可以计算圆柱体体积的方法。然后编写相关程序测试相关功能。

第 7 章　文件操作

为了长期保存数据以便重复使用、修改和共享，必须将数据以文件的形式存储到外部存储介质或云盘中。管理信息系统是使用数据库来存储数据的，而数据库最终还是要以文件的形式存储到硬盘或其他存储介质上，应用程序的配置信息往往是使用文件来存储的，图形、图像、音频、视频、可执行文件等也都是以文件的形式存储在磁盘上的。因此，文件操作在各类软件的开发中都占有重要的地位。

本章学习重点：

- 基本输入输出函数
- 文件操作
- 文件的访问操作
- 文件夹的访问操作

7.1　基本输入/输出函数

在计算机中的 I/O 是指 Input/Output，也就是输入/输出。有些时候程序会与用户交互。例如，希望获取用户的输入内容，并向用户打印返回的结果。可以分别通过 input()函数与 print()函数来实现这一需求。接下来我们学习几种可行的方法。

7.1.1　键盘输入

input()函数是 Python 语言内置函数之一，用于完成变量的输入。input()函数的语法格式如下：

```
变量=input(提示信息)
```

在 Python 语言中，用 input()函数实现变量的输入，无论用户在控制台输入字符串还是数值，函数的返回值始终为字符串类型。在程序的执行过程中，向程序输入数据的过程称为输入操作，在 Python 中使用 input()函数来实现该功能。例如，编写一个程序让计算机能够记住用户的名字，就会用 input()函数提示用户输入它的名字，并把用户的输入存放在变量中，程序如下：

```
Name=input("请输入您的名字")
```

上述代码的作用是提示用户从键盘上输入自己的姓名，input()函数后面括号中的内容是留给用户的提示信息，它是一个字符串，所以请用双引号把它括起来，在执行 input()函数时，提示信息将会打印在屏幕上，然后程序将会暂停，等待用户的输入，直到用户输入了自己的名字并按下回车键，程序才会继续运行，input()函数会获取用户的输入并将其通过赋值号存放到变量 name 中。

注意：使用 input()函数获得的数据一律都是以字符串类型存放的，哪怕用户输入的是一个数字，这个数字也是以字符串的形式存放在计算机中的。

【例 7-1】从键盘上接收用户输入，并进行计算。实例代码如下：

```
#!/usr/bin/python3.8
num=input("请输入一个数字")
x=100+float(num)
print(x)
```

这个程序的功能是获取用户从键盘上输入的数字，然后加上 100。当程序运行到 input()函数时，暂停下来，并提示用户输入一个数字，输入完毕后，程序继续运行，并在下一行中使用 float()函数将用户输入的一个数字从字符串转换成实数类型，然后和 100 相加。读者可以试着把 float 函数去掉，并运行程序，观察 Python 的报错信息。

【例 7-2】运行 input()函数练习。在交互式环境下输入代码如下：

```
>>> name=input("请输入您的姓名：")
请输入您的姓名：                # "Nanfang1" 为用户输入数据
>>> name
Nanfang1
>>> a=input("请输入整数 a 的值：")
请输入整数 a 的值：             # "100" 为用户输入数据
>>> a
"100"
>>> a+85                       #表达式类型不一致，下面是错误提示
Traceback (most recent call last):
   File "<pyshell#4>",line1,in<module>
      a+85
TypeError: can only concatenate str(not "int") to str
```

【例 7-3】使用 input()函数从键盘输入字符串。实例代码如下：

```
#!/usr/bin/python3.8
Text1= input("请输入您的内容：")
print ("您输入的内容是：", Text1)
```

以上程序运行结果为：

```
请输入您的内容：广州南方学院欢迎您！
您输入的内容是：广州南方学院欢迎您！
```

【例 7-4】使用 input()函数从键盘上输入整数。实例代码如下：

```
#!/usr/bin/python3.8
age=int(input("请输入年龄："))
print ("你输入的年龄是：", age)
```

以上程序运行结果为：

```
请输入年龄：45
你输入的年龄是：45
```

7.1.2　输出格式

1．print()函数

将程序中的数据输出到屏幕或者是打印机上的工作，称为输出，在 Python 语言中，可以使用 print()函数来完成向屏幕输出的功能。print()函数也是 Python 语言内置函数之一，用于输

出数据对象，它无返回值。print()函数的语法格式如下：

```
print(*objects, sep=' ', end='\n', file=sys.stdout)
```

参数说明：

- objects：表示可以一次输出多个对象。输出多个对象时，需要用逗号分隔。
- sep：设定输出多个对象时的分隔符，默认为一个空格。
- end：在输出语句的结尾加上指定字符串，默认是换行（\n），若输出后不想进行换行操作，也可以换成其他字符。
- file：要写入的文件对象。

【例 7-5】 在交互模式下运行 print()函数练习。实例代码如下：

```
>>> print("nfu.edu.cn","欢迎您!")
nfu.edu.cn 欢迎您!
>>> print("nfu.edu.cn","欢迎您!",sep=",")
nfu.edu.cn，欢迎您!
>>> a=15
>>> print(a,a*a)
15   225
>>> print("a=","a*a=",a*a)
a=15   a*a=25
```

【例 7-6】 编写程序，完成键盘输入圆半径，输出圆面积和周长。实例代码如下：

```
#!/usr/bin/python3.8
r=input("请输入圆的半径：")
r=eval(r)
s=3.14*r*r
c=2*3.14*r
print("半径",r)
print("圆的面积为：",s,"圆的周长为：",c)
```

2. eval()函数

eval()函数是 Python 语言中经常使用的内置函数之一，用来解析给定的字符串表达式，并返回表达式的值。eval()函数语法格式如下：

```
变量=eval(字符串表达式)
```

【例 7-7】 在交互模式下运行 eval()函数练习 1。实例代码如下：

```
>>> a=15
>>> b=25
>>> eval("a+b")              #相当于去掉字符串表达式两端的双引号
40
>>> eval(a+b)                #参数类型不是字符串类型，下面为错误提示
Traceback (most recent call last):
   File "<pyshell#4>",line1,in<module>
       eval(a+b)
TypeError：eval() arg 1 must be a string,bytes or code object
```

【例 7-8】 在交互模式下运行 eval()函数练习 2。实例代码如下：

```
>>> a=input("请输入整数 a 的值：")
请输入整数 a 的值：95
```

```
>>> a=eval(a)                    #转换 a 为数值类型
>>> a
95
```

Python 语言编程中，经常使用上例语句组合完成数值变量的输入。

```
>>> a=eval(input("请输入整数 a 的值："))
请输入整数 a 的值：95
>>> a
95
```

注意：以上例句可以简单理解为“eval()用于去掉字符串两端的界限符”，实际应用中 eval()函数还有许多作用。

3. repr()函数和 str()函数

可以使用 repr()函数或 str()函数来实现将输出的值转成字符串。其中 repr()产生一个解释器易读的表达形式；str()函数返回一个用户易读的表达形式。

【例 7-9】在交互模式下输出格式。实例代码如下：

```
>>> s = 'Hello，广州南方学院'
>>> str(s)
'Hello，广州南方学院
>>> repr(s)
"'Hello，广州南方学院"
>>> str(1/7)
'0.14285714285714285'
>>> x = 10 * 3.25
>>> y = 200 * 200
>>> s = 'x 的值为： ' + repr(x) + '， y 的值为：' + repr(y) + '...'
>>> print(s)
x 的值为： 32.5， y 的值为：40000 '...'
>>> #repr()函数可以转义字符串中的特殊字符
... hello = 'hello，广州南方学院\n'
>>> hellos = repr(hello)
>>> print(hellos)
'hello，广州南方学院\n'
>>> #repr()的参数可以是 Python 的任何对象
... repr((x, y, ('Baidu', 广州南方学院)))
"(32.5, 40000, (Baidu, 广州南方学院))"
```

4. rjust()函数

rjust()函数用来返回一个原字符串右对齐，并使用空格填充至长度为 width 的新字符串。如果指定的长度小于字符串的长度，则返回原字符串。rjust()函数的语法格式如下：

```
str.rjust(width[, fillchar])
```

参数说明：

- width：指定填充字符后字符串的总长度。
- fillchar：填充的字符，默认为空格。

【例 7-10】使用 repr()和 rjust()函数，计算 1 到 10 的平方数和立方数。实例代码如下：

```
#!/usr/bin/python3.8

for x in range(1, 11):
    print(repr(x).rjust(2), repr(x*x).rjust(3), end=' ')
    #end=' '代表不换行
    print(repr(x*x*x).rjust(4))
```

以上程序运行结果为：

```
 1   1    1
 2   4    8
 3   9   27
 4  16   64
 5  25  125
 6  36  216
 7  49  343
 8  64  512
 9  81  729
10 100 1000
```

其中，rjust()函数可以将字符串右对齐，并在左边填充空格；还有类似的函数，如 ljust()和 center()，这些函数并不会填充任何东西，它们仅仅返回新的字符串；另一个函数是 zfill()，它会在数字的左边填充 0。

7.2 文件操作

文件操作是程序设计中比较常见的 I/O 操作，因此 Python 语言提供了非常多的函数或对象方法以进行文件处理。在 Python 程序中，对磁盘文件的操作功能本质上都是由操作系统提供的，现代操作系统不允许普通用户程序直接操作磁盘，因此读写文件本质上是请求操作系统打开文件对象（通常称为文件描述符），然后通过操作系统提供的接口实现文件数据的读取，或者把数据写入文件。本节重点讲述如何通过 Python 内置的文件对象实现对磁盘文件的读写及相关管理功能。

7.2.1 打开文件（open()函数）

读写文件的第一步是创建文件对象，通常称为文件描述符。Python 语言提供了 open()函数来创建 Python 文件对象，语法格式如下：

```
open(filename,mode='r',encoding=None)
```

参数说明：

- filename：代表需要打开的文件名。
- mode：表示文件的打开模式。
- encoding：用于指定文件的编码方式。

其中 mode 参数的可选选项比较多，见表 7-1。

例如：r 表示以只读方式打开文件，表示文件打开后只能读取内容但不能写入数据；w 表示以写入方式打开文件，但是，如果存在同名文件，写入时将覆盖文件原有内容；a 表示以追加方式打开指定文件，对文件写入的任何数据将自动添加到文件末尾；r+表示打开文件的同时可以进行读和写。此外，若在 mode 参数中增加 b 选项，则表示操作的是二进制文件。一般来说，open()方式的 mode 参数是可选的，默认为只读 r。

表 7-1 mode 参数的可选选项

选项	描述
r	以只读方式打开文件。文件的指针将会放在文件的开头。这是默认模式
rb	以二进制格式打开一个文件用于只读。文件指针将会放在文件的开头。这是默认模式
r+	打开一个文件用于读写。文件指针将会放在文件的开头
rb+	以二进制格式打开一个文件用于读写。文件指针将会放在文件的开头
w	打开一个文件只用于写入。如果该文件已存在则将其覆盖；如果该文件不存在则创建新文件
wb	以二进制格式打开一个文件只用于写入。如果该文件已存在则将其覆盖；如果该文件不存在则创建新文件
w+	打开一个文件用于读写。如果该文件已存在则将其覆盖；如果该文件不存在则创建新文件
wb+	以二进制格式打开一个文件用于读写。如果该文件已存在则将其覆盖；如果该文件不存在则创建新文件
a	打开一个文件用于追加。如果该文件已存在，文件指针将会放在文件的结尾，也就是说新的内容将会被写入到已有内容之后；如果该文件不存在则创建新文件
ab	以二进制格式打开一个文件用于追加。如果该文件已存在，文件指针将会放在文件的结尾，也就是说，新的内容将会被写入到已有内容之后；如果该文件不存在则创建新文件
a+	打开一个文件用于读写。如果该文件已存在，文件指针将会放在文件的结尾，文件打开时会是追加模式；如果该文件不存在则创建新文件
ab+	以二进制格式打开一个文件用于追加。如果该文件已存在，文件指针将会放在文件的结尾；如果该文件不存在则创建新文件

注意： r 和 r+、w 和 w+以及 a 和 a+的区别，如果使用+，则表示可以读写，否则表示以只读或只写模式打开文件。

【例 7-11】 在当前目录中以覆盖写的方式打开 foot.txt 文件。实例代码如下：

```
#!/usr/bin/python3.8


fo=open("foot.txt","w")
print  "文件名：",fo.name
```

以上程序运行结果为：

```
文件名：foot.txt
```

如代码实例 7-11 所示，默认情况下以文本形式打开，因此从文件读出和写入文件的数据字符串都将以特定的编码方式（默认是 UTF-8）进行编码。

另外需要注意的是：在文本模式下读取时，默认会将平台有关的结束符（UNIX 上是\n，Windows 上是 r\n）转换为\n；写入时，默认会将出现的\n 转换成平台有关的行结束符。这种隐性修改对 ASCII 文本文件通常没有问题，但会损坏.jpg 或.exe 这样的二进制文件中的数据。所以，使用二进制模式读写此类文件时要特别注意。

7.2.2 关闭文件（close()函数）

处理完文件后，需要调用 close()函数来关闭文件并释放系统资源。文件对象的 close()函数可以刷新任何未写入文件的信息并关闭文件对象，之后不能再对文件进行写入操作。当文件的引用对象被分配给另一个文件时，Python 会自动关闭当前引用的文件。因此，使用 close()函数关闭文件是很好的编程习惯，这样不仅可以释放文件资源并终止程序对外部文件的连接，而且更能保障程序的稳定性。close()函数的基本语法格式如下：

```
fileObject.close()
```

参数说明：

- fileObject：打开的文件对象。

【例 7-12】在当前目录中以覆盖写的方式打开 foot.txt 文件，执行后关闭文件。实例代码如下：

```
#!/usr/bin/python3.8

fo=open("foot.txt","w")
......
#关闭打开的文件
fo.close()
print("文件名：",fo.name)
```

以上程序运行结果为：

```
文件名：foot.txt
```

默认情况下，输出文件总是在缓冲区的，这就意味着写入的数据并不能立即自动从内存转存到硬盘。因此，文件处理完毕后，需要调用 close()函数来关闭文件，或者直接运行 flush()函数，迫使缓存区中的数据立即写入硬盘。当然，可以指定额外的 open 参数来避免缓存，但是这可能会影响性能。

7.2.3 文件对象属性

在 Python 语言中，通过 open()函数返回的文件对象具备比较丰富的属性和成员函数。在文件操作过程中，可以通过访问文件对象的不同属性，来获取打开一个文件后与该文件相关的各种信息。表 7-2 列出了文件对象的相关属性。

表 7-2 文件对象的相关属性

属性	描述
file.closed	如果文件关闭则返回 True，否则返回 False
file.mode	返回打开文件的访问模式
file.name	返回文件的名称

【例 7-13】获取和使用文件对象的相关属性。实例代码如下：

```
>>>fo=open("python.txt","wb")
>>>print("Name of the file:",fo.name)
Name of the file: python.txt
```

```
>>>print("Close or not:",fo.closed)
Close or not: False
>>>print("Opening mode:"fo.mode)
Opening mode: wb
>>>fo.close()
```

上述代码中，通过调用文件对象 fo 的 name、closed 和 mode 属性，可以分别查看文件的名称、目前状态及访问模式。文件对象的状态属性对根据文件所处的不同状态进行不同的后续操作非常有利。

7.3　文件访问

实现对数据的存储和读取是基础的文件操作。Python 语言提供了 read()和 write()函数来实现文件数据的基本读写。具体过程如下：首先，通过 open()函数获取文件对象句柄，然后通过 write()和 read()函数进行数据的写入和读取。调用 write()函数时，需要特别注意文件打开模式，因为写入时可能会覆盖已有文件。write()函数的返回值是本次写入的字数。

7.3.1　read()函数

不设置参数的 read()函数将整个文件的内容读取为一个字符串。read()函数用于读取一个文件的全部内容，性能根据文件大小而变化。f.read(size)可以读取 f 文件中的数据，以字符串或字节对象返回。其中 size 是一个可选的数字类型的参数，用来指定字符串长度。当 size 被忽略了或者为负数时，那么该文件的所有内容都将被读取并且返回。

在接下来的例子中，假设已经创建了一个名为 hello 的文件对象。通过调用不同函数的方法，可以对 hello 文件的内容进行相应的操作。

【例 7-14】调用 read()函数读取 hello.txt 文件内容。实例代码如下：

```
#!/usr/bin/python3.8

#打开一个文件
helloFile= open("d:/hello.txt", "r")
fileContent= helloFile.read()
helloFile.close()                  #关闭打开的文件
print(fileContent)
```

以上程序运行结果为：

```
Hello Hello!
Guangdong,Guangzhou!
```

也可以设置最大读入字符数来限制 read()函数一次性返回的大小。

【例 7-15】设置参数每次 3 个字符地读取文件。实例代码如下：

```
#!/usr/bin/python3.8

#打开一个文件
helloFile= open("d:/hello.txt")
fileContent=""
while True:
    fragment=helloFile.read(3)
```

```
        if fragment=="":            #或者 if not fragment
        fileContent+=fragment
    helloFile.close()
    print(fileCount)
```

当读到文件结尾之后，read()函数返回空字符串，此时 fragment==""成立，退出循环。

7.3.2 write()函数

写文件与读文件相似，都需要先创建文件对象连接。所不同的是，打开文件时是以“写”模式或者“添加模式”打开的。如果文件不存在，则要创建该文件。与读文件时不能添加或修改数据类似，写文件时也不允许读取数据。用写模式“w”打开已有文件时，会覆盖文件原有内容，从头开始，就像用一个新值覆写一个变量的值。

在 Python 中 write()函数用于向文件中写入指定字符串。在文件关闭前或缓冲区刷新前，字符串内容存储在缓冲区中，这时在文件中是看不到写入的内容的。write()函数的基本语法格式如下：

```
fileObject.write( [ str ])
```

参数说明：

- str：要写入文件的字符串。
- 返回值：无。

【例 7-16】调用 write()函数将内容写入 hello.txt 文件。实例代码如下：

```
#!/usr/bin/python3.8

#打开文件
helloFile = open("d:/hello.txt", "w")
helloFile.write("First line.\nsecond line.\n")
helloFile.close()

helloFile = open("d:/hello.txt", "a")
helloFile.write("Third line.")
helloFile.close()

helloFile = open("d:/hello.txt")
fileContent=helloFile.read()
helloFile.close()
print(fileContent)
```

以上程序运行结果为：

```
First line.
Second line.
Third line.
```

当以写模式打开文件 hello.txt 时，文件原有内容被覆盖，调用 write()函数将字符串参数写入文件，这里“\n”代表换行符。关闭文件之后再次以添加模式打开文件 hello.txt，调用 write()函数写入的字符串“Third line.”被添加到了文件末尾。最终以读模式打开文件后读取到的内容共有三行字符串。

注意：write()函数不能自动在字符串末尾添加换行符，需要自己添加“\n”。

7.3.3　readline()函数

readline()函数从文件中获取一个字符串，每个字符串就是文件中的每一行。readline()函数用于从文件读取整行，包括“\n”字符。如果指定了一个非负数的参数，则返回指定大小的字节数，包括“\n”字符。readline()函数的基本语法格式如下：

```
fileObject.readline(size)
```

参数说明：

- size：从文件中读取的字节数。

【例 7-17】调用 readline()函数读取 hello 文件的内容。实例代码如下：

```
#!/usr/bin/python

helloFile=open("d:\\hello.txt")
fileContent=""
while True:
    line=helloFile.readline()
    if line=="":                    #或者  if not line
        break
    fileContent+=line
helloFile.close()
print(fileContent)
```

当读取到文件结尾时，readline()函数同样返回空字符串，使得 line==""成立循环。

【例 7-18】使用 readline()函数读取文件的内容。实例代码如下：

```
#!/usr/bin/python3.8

helloFile=open("d:\\hello.txt")
fileContent=helloFile.readline()
helloFile.close()
print(fileContent)
for line in fileContent             #输出列表
    print(line)
```

注意：readline()函数返回一个字符串列表，其中的每一项是文件中每一行的字符串。readline()函数也可以设置参数，指定一次读取的字符数。

7.3.4　next()函数

Python 3.8 的内置函数 next()通过迭代器调用 next()函数返回下一项。next()函数在文件使用迭代器时会使用到，在循环中，next()函数会在每次循环中调用，该函数返回文件的下一行，如果到达结尾（EOF），则触发 StopIteration。next()函数的基本语法格式如下：

```
next(iterator[,default])
```

参数说明：

- default：默认文件对象。

【例 7-19】使用 next()函数读取文件中的内容。实例代码如下：

```
#!/Usr/bin/python3.8

#打开文件
```

```
testFile= open("d:/test.txt", "r")
print ("文件名为：", testFile.name)

for index in range(4):
    line = next(testFile)
    print ("第 %d 行 - %s" % (index, line))

#关闭文件
testFile.close()
```

以上程序运行结果为：

```
文件名为：d:/testFile.txt
第 0 行 - 2:www.nfu.edu.cn 2: www.nfu.edu.cn
第 1 行 - Python is very good!
Traceback (most recent call last):
  File "C:/Users/57877/AppData/Local/Programs/Python/Python3.8/1..py", line 10, in <module>
    line = next(fo)
StopIteration
```

以上输出结果中，由于原文件 test.txt 中只有 2 行内容，但是在程序中设计输出 4 行内容，所以会出现错误。

7.3.5 seek()函数

seek()函数用于将文件读取指针移动到指定位置。seek()函数的基本语法格式如下：

```
fileObject.seek(offset[, whence])
```

参数说明：

- offset：开始的偏移量，也就是代表需要移动偏移的字节数。
- whence：可选，默认值为 0。给 offset 参数一个定义，表示要从哪个位置开始偏移。0 代表从文件开头开始算起；1 代表从当前位置开始算起；2 代表从文件末尾算起。
- 返回值：无。

【例 7-20】使用 seek()函数读取文件中的内容。实例代码如下：

```
#!/usr/bin/python3,8

#打开文件
testFile= open("d:/test.txt", "r+")
print ("文件名为：", testFile.name)

line = testFile.readline()
print ("读取的数据为：%s" % (line))

#重新设置文件读取指针到开头
fo.seek(0, 0)
line = testFile.readline()
print ("读取的数据为：%s" % (line))

#关闭文件
testFile.close()
```

以上程序运行结果为：

```
文件名为：d:/foo.txt
读取的数据为：2:www.nfu.edu.cn 2: www.nfu.edu.cn
读取的数据为：2:www.nfu.edu.cn 2: www.nfu.edu.cn
```

7.3.6　tell()函数

tell()函数返回文件的当前位置，即文件指针当前位置。tell()函数的基本语法格式如下：

```
fileObject.tell(offset[, whence])
```

参数说明：

- offset：开始的偏移量，也就是代表需要移动偏移的字节数。
- whence：可选，默认值为 0。给 offset 参数一个定义，表示要从哪个位置开始偏移。0 代表从文件开头开始算起；1 代表从当前位置开始算起；2 代表从文件末尾算起。
- 返回值：无。

【例 7-21】使用 tell()函数读取文件中的内容。实例代码如下：

```
#!/usr/bin/python3.8

#打开文件
testFile = open("d:/test.txt", "r+")
print ("文件名为：", testFile.name)

line = testFile.readline()
print ("读取的数据为：%s" % (line))

#获取当前文件位置
pos = testFile.tell()
print ("当前位置：%d" % (pos))

#关闭文件
testFile.close()
```

以上程序运行结果为：

```
文件名为：d:/test.txt
读取的数据为：2:www.nfu.edu.cn 2: www.nfu.edu.cn

当前位置：34
```

7.4　文件夹访问

文件有两个关键属性：路径和文件名。路径指明了文件在磁盘上的位置。例如，我的 Python 安装在路径 D:\Python3.8，在这个文件夹下可以找到 python.exe 文件，运行可以打开 Python 的交互界面。文件名圆点的后面部分被称为扩展名（或后缀），它指明了文件的类型。

路径中的 C:\称为“根文件夹”，它包含了本分区内所有其他文件和文件夹。文件夹可以包含文件和其他子文件夹。Python3.8 是 D 盘下的一个子文件夹，它包含了 python.exe 文件。

7.4.1 当前工作目录

每个运行在计算机上的程序都有一个当前工作目录。所有没有从根文件夹开始的文件名或路径，都假定工作在当前的工作目录下，在交互式环境中输入：

```
>>> import os
>>> os.getcwd()
```

以上程序运行结果为：

```
'D:\Python3.8'
```

在 Python 的 GUI 环境中运行时，当前工作目录是 D:\Python3.8。路径中多出的一个反斜杠是 Python 的转义字符。

7.4.2 目录操作

在大多数操作系统中，文件被存储在多级目录（文件夹）中。这些文件和目录被称为文件系统，Python 的标准 os 模板可以处理它们。

1. 创建新目录

程序可以使用 os.makedirs()函数创建新目录。在交互式环境下输入代码如下：

```
>>> import os
>>> os.makedirs('D:\\Python1\\cs7files')
```

os.makedirs()会在 D 盘路径中创建 python1 文件夹及其子文件夹 cs7files，也就是说，路径中所需的文件夹都会创建。

2. 删除目录

当目录不再使用时，可以将它删除（使用 rmdir()函数删除目录）。在交互式环境下输入代码如下：

```
>>> import os
>>> os.rmdir('D:\\Python1')
```

这时出现错误：WindowsError:[Error 145]: 'D:\\Python1'。因为 rmdir()函数删除文件夹要保证文件夹内不包含文件及子文件夹，也就是说，os.rmdir()只能删除空文件夹。

【例 7-22】使用 rmdir()函数删除文件夹。实例代码如下：

```
>>> os.rmdir('D:\\Python1\\cs1files')
>>> os.rmdir('D:\\Python1')
>>> os.path.exists('D:\\Python1')
```

以上程序运行结果为 False。

Python 的 os.path 模块包含了许多与文件名及文件路径相关的函数。上面的例子中使用了 os.path.exists()函数判断文件夹是否存在。os.path 是 os 模块中的模块，所以执行 import os 就可以将其导入。

3. 列出目录内容

使用 os.listdir()函数可以返回出路径中的文件夹名及文件名的字符串列表。在交互式环境下输入代码如下：

```
>>> os.makedir('D:\\Python2')
>>> os.listdir('D:\\Python2')
[]
```

```
>>> os.madir('D:\\Python2\cs2files')
>>>os.listdir('D:\\Python2')
['cs2files']
>>> dataFile=open(('D:\\Python2\\data1.txt','w')
>>>for n in range(26):
        dataFile.write(chr(n+65))
>>> dataFile.close()
>>>os.listdir('D:\\Python2')
['cs2files','data1.txt']
```

在刚创建 Python2 文件夹时，这是一个空文件夹，所以返回的是一个空列表。后续在文件夹分别创建了文件夹 cx2file 和文件 data1.txt，列表中返回的是子文件夹名和文件名。

4. 修改当前目录

使用 os.chdir()函数是可以修改当前工作目录的。在交互式环境下输入代码如下：

```
>>> os.chdir('d:\\python2')
>>>os.listdir(".")              #.代表当前工作目录
['cs2files','data1.txt']
```

5. 查找匹配文件或文件夹

使用 glob()函数可以查找匹配文件或文件夹目录。glob()函数使用 Unix shell 的规则来查找：

（1）*： 匹配任意个任意的字符。

（2）？：匹配单个任意字符。

（3）[字符列表]： 匹配字符列表中的任一个字符。

（4）[!字符列表]：匹配除列表外的其他字符。

```
Import   glob
Glob.glob('d*')              #查找以 d 开头的文件或文件夹
Glob.glob('d????')           #查找以 d 开头并且全长为 5 个字符的文件或文件夹
Glob.glob('[abcd]*')         #查找以 abcd 中任意一字符开头的文件或文件夹
Glob.glob('[!abd'*)          #查找不以 abd 中任一字符开头的文件或文件夹
```

7.4.3　文件操作

os.path 模板主要用于文件的属性获取，在编程中经常使用到。

1. 获取路径和文件名

os.path.dirname(path)：返回 path 参数中的路径名称字符串。

os.path.basename(path)：返回 path 参数中的文件名。

os.path.split(path)：返回参数的名称和文件名组成的字符串元组。

例如：使用 os.path 模块操作文件，在交互式环境下输入代码如下：

```
>>> helloFilePath='d:\\python3\\cs2file\\hello.txt'
>>> os.path.dirname(helloFilePath)
'd:\\python3\\cs2file'
>>> os.path.basename(helloFilePath)
'hello.txt'
>>> os.path.split(helloFilePath)
('d:\\python3\\cs2file','hello.txt')
>>> helloFilePath.split(os.path.sep)
['d:','python3','cs2file','hello.txt']
```

注意：如果想要得到路径中每一个文件夹的名字，可以使用字符串函数 split()，通过

os.path.sep 对路径进行正确的分隔。

2. 检查路径有效性

如果提供的路径不存在，许多 Python 函数也就会崩溃。os.path 提供了一些函数帮助我们判断路径是否是存在。

os.path.exists(path)：判断参数 path 的文件或文件夹是否存在。若存在，返回 True；否则返回 False。

os.path.isfile(path)：判断参数 path 存在且是一个文件。若是，则返回 True；否则返回 False。

os.path.isdir(path)：判断参数 path 存在并且是一个文件夹。若是，则返回 True；否则返回 False。

3. 查看文件大小

os.path 模块中的 os.path.getsize()函数可以查看文件大小。此函数与前面介绍的 os.path.listdir()函数可以帮助我们统计文件夹大小。

【例 7-23】统计 d:\\python3 文件夹下所有文件的大小。实例代码如下：

```
#!/usr/bin/python3.8

import  os
totalSize=0
os.chdir('d:\\python3')
for filename in os.listdir(os.getcwd()):
    totalSize+=os.path.getsize(filename)
print(totalSize)
```

4. 重命名文件

使用 os.rename()函数可以帮助我们重命名文件。

例如，在交互式环境下输入代码如下：

```
>>> import os
>>>os.rename("d:\\python3\\demo.txt","d:\\python3\\text.txt")
```

5. 复制文件和文件夹

shutil 模板提供了一些函数，帮助我们复制、移动、改名、删除文件夹，实现文件的备份。

（1）shutil.copy(source, destination)：复制文件。

（2）shutil.copytree(source, destination)：复制整个文件夹，包括其中的文件和文件夹。

【例 7-24】将 d:\\python4 文件夹复制为新的 d:\\python4-backup 文件夹。实例代码如下：

```
#!/usr/bin/python3.8

import  shutil
shutil.copytree("d:\\python4","d:\\python4-backup")
for fileName in os.listdir("d:\\python4-backup"):
    print(fileName)
```

注意：使用这些函数前先要导入 shutil 模块。shutil.copytree()函数复制包括子文件夹在内的所有文件夹。

例如，在交互式环境下输入代码如下：

```
>>> shutil.copy("d:\\python1\\data1.txt","d:\\python1-backup")
>>> shutil.copy("d:\\python1\\data1.txt","d:\\python1-backup\\data-backup.txt")
```

shutil.copy()函数的第二个参数 destination 可以是文件夹，表示将文件复制到新文件夹中；也可以是包含新文件名的路径，表示复制的同时将文件重命名。

6. 文件和文件夹的移动和改名

shutil.move(source,destination)：shutil.move()函数与 shutil.copy()函数用法相似，参数 destination 既可以是一个包含新文件名的路径，也可以包含文件夹。

例如，在交互式环境下输入代码如下：

```
>>> shutil.move("d:\\python1\\data1.txt","d:\\python1\\cs1files")
>>> shutil.move("d:\\python1\\data1.txt","d:\\python1\\cx1files\\data2.txt")
```

注意：不管是 shutil.copy()函数还是 shutil.move()函数，函数参数中的路径必须存在，否则 Python 会报错。

如果参数 destination 中指定的新文件名与文件夹中已有文件重名，则文件夹中的已有文件会被覆盖。因此，使用 shutil.move()函数应当小心。

7. 删除文件和文件夹

os 模板和 shutil 模板都有函数可以删除文件或文件夹。

（1）os.remove(path)/os.unlink(path)：删除参数 path 知道的文件。

例如，在交互式环境下输入代码如下：

```
>>> os.remove ("d:\\python1-backup\\data-backup.txt")
>>> os.path.exists("d:\\python1-backup\\data-backup.txt")          #False
```

（2）os.rmdir(path)：如前所述，os.rmdir()函数只能删除空文件夹。

（3）shutil.retree(path)：shutil.retree()函数删除整个文件夹，包含所有文件及文件夹。

例如，在交互式环境下输入代码如下：

```
>>> shutil.retree("d:\\python1")
>>> os.path.exists("d:\\python1")                    #False
```

这些函数都是从硬盘中彻底删除文件和文件夹，不可恢复，因此使用要小心。

8. 处理文件夹（包含子文件夹）中的所有文件

想要处理文件夹（包含子文件夹）中的所有文件即遍历目录树，可以使用 os.walk()函数。os.walk()函数将返回该路径下所有文件及子目录信息元组。

【例 7-25】显示“E:\\学生信息表格”文件夹下所有文件及子目录。实例代码如下：

```
#!/usr/bin/python3.8
import os
list_dirs = os.walk("E:\\学生信息表格")          #返回一个元组
print(list(list_dirs))
for folderName,subFolders,fileNames in list_dirs:
    print("当前目录："+folderName)
    for subFolders in subFolders:
        print(folderName+"的子目录"+"是--"+subFolder)
            for fileName in fileNames:
                print(subFolder+"的文件"+"是--"+fileName)
```

习题 7

一、选择题

1. 有关 Python 的文件操作，以下说法中错误的是（　　）。

A．调用 open()函数可以打开文件
B．当文件以默认模式打开时，将以字节为基本读写单位
C．Python 能够以文本和二进制两种方式处理文件
D．调用 close()函数可以关闭文件

2．在 Python 中打开一个文件用于读写，应该使用（　　）模式。
A．w　　B．rb+　　C．rb　　D．w+

3．下列函数中，用于向文件中写出内容的是（　　）。
A．open　　B．write　　C．close　　D．read

4．下列函数中，用于获取当前目录的是（　　）。
A．open　　B．write　　C．Getcwd　　D．read

5．readline(size)函数中，size 参数用于指明读取的（　　）。
A．行数　　B．字节数　　C．二进制数　　D．字符串数

二、填空题

1．Python 标准库 os.path 中用来判断指定文件是否存在的函数是__________。
2．使用 readline 函数把整个文件中的内容进行一次性读取，返回的是一个__________。
3．os 模块中的 mkdir 函数用于创建__________。
4．在读写文件的过程中，__________函数可以获取当前的读写位置。
5．Python 内置函数__________用来打开或创建文件并返回文件对象。

三、编程题

1．编写一个程序建立一个文本文件 abc.txt，向其中写入“abc\n”并存盘，查看 abc.txt 是几个字节文件，说明为什么。

2．用 Windows 记事本编写一个文本文件 xyz.txt，在其中存入“123”后按 Enter 键换行，存盘后查看文件应是 5 个字节长，用 read(1)读该文件，看看要读 5 次还是 4 次就把文件读完，为什么？编写程序验证。

3．编写程序查找某个单词（键盘输入）所出现的行号及该行的内容，并统计该单词在文件共出现多少次。

4．设一个文本文件 marks.txt 中存储了学生姓名及成绩如下：

张山　96
王伟　95
......

每行为学生姓名与成绩，编写一个程序读取这些学生的姓名与成绩并按照成绩从高到低的顺序输出到另外一个文件 sorted.txt 中。

第 8 章　图形用户界面设计

图形及界面编程是目前程序设计中非常重要的一部分。无论计算方法多么完美、结果多么精准，人们还是无法直接从大师的数据中感受到它们的含义和规律，人们更喜欢从图形中直观感受科学计算结果的含义及内存的本质。因此 Python 提供了多个图形界面开发的库，来满足用户对于图形界面开发的需要。几个常用的 Python GUI 库如下：

- Tkinter：Tkinter 模块（Tk 接口）是 Python 的标准 Tk GUI 工具包的接口。Tk 可以在大多数的 UNIX 平台下使用，同样也可以应用在 Windows 和 Macintosh 系统里。Tk 8.0 的后续版本可以实现本地窗口风格，并良好地运行在绝大多数平台中。
- wxPython：wxPython 是一款开源软件，是 Python 语言的一套优秀的 GUI 图形库，允许 Python 程序员很方便地创建完整的、功能键全的 GUI 用户界面。
- Jython：Jython 程序可以和 Java 无缝集成。除了一些标准模块，Jython 使用 Java 的模块。Jython 几乎拥有标准的 Python 中不依赖于 C 语言的全部模块。比如，Jython 的用户界面将使用 Swing、AWT 或者 SWT。Jython 可以被动态或静态地编译成 Java 字节码。

注意：Python 3.x 中的 Tkinter 模块的首字母为小写的 t。

本章学习重点：

- Tkinter 模块主要功能
- Tkinter 主要控件的使用
- 鼠标事件响应
- 键盘事件响应

8.1　Tkinter 图形库概述

8.1.1　创建一个 GUI 程序

Tkinter（TK interface，TK 接口）是 Python 的标准 GUI 库。Python 使用 Tkinter 可以快速地创建 GUI 应用程序。由于 Tkinter 是内置到 Python 的安装包中，只要安装好 Python 之后就能导入 Tkinter 库，而且 IDLE 也是用 Tkinter 编写而成，对于简单的图形界面 Tkinter 能应付自如。创建一个 GUI 程序的步骤如下：

（1）创建主窗口。

（2）在主窗口添加控件并设置属性。

（3）调整对象的大小和位置。可以使用 pack()、grid()、place()等函数。

（4）为控件定义事件处理程序。

（5）进入主事件循环 mainloop()。

【例 8-1】创建一个主窗口。实例代码如下：

```
#test8.1.py
import tkinter as tk            #导入 Tkinter 模块并创建一个别名 tk
w = tk.Tk()                     #实例化 tk.Tk
w.title("主窗口")               #添加标题
w.mainloop()                    #当调用 mainloop()时，窗口才会显示出来
```

以上程序运行结果如图 8-1 所示。

图 8-1　例 8-1 程序运行结果

8.1.2　Tkinter 控件简介

1. Tkinter 控件主要功能

Tkinter 提供多种控件，如画布、按钮和容器等，均可在 GUI 应用程序中使用。Tkinter 目前有十多种控件，主要功能描述见表 8-1。

表 8-1　Tkinter 常用控件功能

控件	描述	控件	描述
Button	按钮，用于执行命令	Canvas	画布，用于画图
Checkbutton	多选框，用于选择多个按钮	Entry	单行文本框，用于输入、编辑一行文本
Frame	框架，是容器控件	Label	标签，用于显示说明文字
Listbox	列表	Menubutton	显示菜单项
Menu	显示菜单栏、下拉菜单和弹出菜单	Message	显示多行文本，与 Label 类似
Radiobutton	单选的按钮，用于从多个选项中选择一个	Scale	显示一个数值刻度，为输出限定范围的数字区间
Scrollba	滚动条控件，当内容超过可视化区域时使用	Text	多行文本框，用于输入、编辑多行文本，支持嵌入图形
Toplevel	用来提供一个单独的对话框，和 Frame 类似	Spinbox	与 Entry 类似，但是可以指定输入范围值
PanedWindow	一个窗口布局管理的插件，可以包含一个或者多个子控件	LabelFrame	简单的容器控件，常用于复杂的窗口布局

2. 标准属性

Tkinter 控件的标准属性也就是所有控件的共同属性，如字体、大小和颜色等，见表 8-2。

表 8-2　Tkinter 控件的标准属性

标准属性	描述	标准属性	描述
Dimension	控件大小	Color	控件颜色
Font	控件字体	Anchor	锚点
Relief	控件样式	Bitmap	位图
Cursor	光标		

8.2　Tkinter 图形界面控件

利用 Tkinter 进行图形设计，创建控件是很重要的操作，创建控件之前必须先导入 Tkinter 模块并创建主窗口，即执行以下语句：

```
>>>from tkinter import *
>>>w=Tk()        #注意 T 是大写，k 是小写
```

8.2.1　标签（Label）控件

Label 控件是可以显示文本或图像的标签。创建 Label 控件的语法如下：

```
lbl= Label(w,options,...).pack()
```

参数说明：

- w：代表主窗口。
- options：控件参数，见表 8-3。

表 8-3　Label 控件参数

控件参数	描述	控件参数	描述
anchor	标签中文本的位置	background(bg)	标签的背景色
foreground(fg)	标签的前景色	cursor	鼠标移到按钮上的样式
width	标签宽度	height	标签高度
bitmap	标签中的位图	font	标签中文本的字体
image	标签中的图片	justify	多行文本的对齐方式
text	标签中的文本，可以使用\n 表示换行	textvariable	显示文本自动更新，与 StringVar 等配合使用

Label 常用的函数有 pack()，pack 译为打包，即以紧凑的方式来布置标签，并且显示标签，一般应用于简单的布置中，比如 tk.Label(w, text="MY Label").pack()。

【例 8-2】创建 Label 控件。实例代码如下：

```
#test8.2.py
import tkinter as tk                     #导入 Tkinter 模块，并取别名为 tk
#from tkinter import *                   #如果采用此语句，那 w=Tk()就可以，不需要使用别名
w= tk.Tk()                               #实例化 tk.TK
w.title("MY GUI")                        #添加标题
tk.Label(w, text="MY Label").pack()      #只有调用了 pack()函数才显示标签
w.mainloop()
```

以上程序运行结果如图 8-2 所示。

图 8-2 例 8-2 程序运行结果

8.2.2 标签框架

标签框架（LabelFrame），是一个窗口，用事存放多个标签，可以使用 pack()函数来布置。

```
>>>from tkinter import *
>>>w=Tk()
>>>lbl1=Label(w,text="my label1").pack()

>>>lbl2=Label(w,text="my label2").pack()
>>>lbl3=Label(w,text="my label3").pack()
>>>w.mainloop()
```

以上程序运行结果如图 8-3 所示。

图 8-3 程序运行结果

8.2.3 Button 控件

Button 控件用来在 Python 应用程序中添加按钮，用来执行命令。这些按钮可以显示文字或图像用以表达按钮的目的。当单击按钮时，可以激发附加到该按钮的函数或方法，相应的函数或方法将被自动调用。创建 Button 控件的语法如下：

```
btn= Button( option=value,...)
```

参数说明：

- w：代表主窗口。
- option：选项参数，见表 8-4。

表 8-4 Button 控件参数

控件参数	描述	控件参数	描述
anchor	按钮上文本的位置	background(bg)	按钮的背景色
command	按钮消息的回调函数	cursor	鼠标移到按钮上的样式
font	按钮上文本的字体	foreground(fg)	按钮的前景色
height	按钮的高度	image	按钮上显示的图片
state	按钮的状态	text	按钮上显示的文本
width	按钮的宽度	activeforeground	单击按钮时它的前景色
padx	设置文本与按钮边框的距离	textvariable	可变文本

Button 控件常用的函数或方法如下：

（1）flash()函数：使按钮闪几次后主动恢复正常的颜色。

（2）invoke()函数：调用与按钮相关联的命令。

（3）pack()函数：布局管理器函数。

【例 8-3】创建 Button 按钮并设置文本属性。实例代码如下：

```
#test8.3.py
from tkinter import *
w=Tk()
#添加标题
w.title("MY GUI")
#创建一个标签，text 为标签上显示的内容
lbl=Label(w, text="MY Label").pack()
#当 bt 被单击时，该函数则生效
def clickMe():
    #设置 button 显示的内容
    bt.configure(text="** I have been Clicked！ **")

#创建一个按钮，text 为按钮上面显示的文字
bt=Button(w, text="Click Me!", command=clickMe)

#command：当这个按钮被单击之后会调用 command()函数
bt.pack()
w.mainloop()
```

以上程序运行结果如图 8-4 所示。

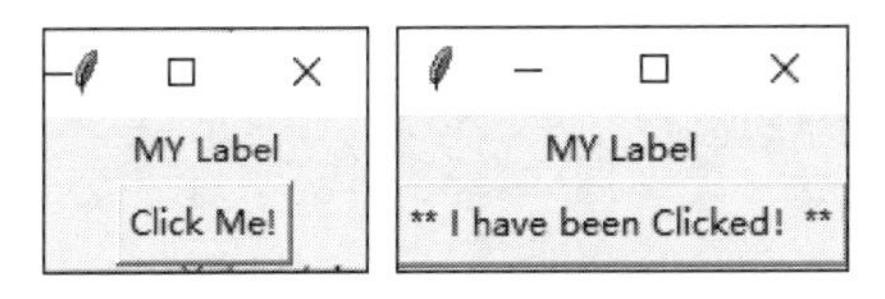

图 8-4　例 8-3 程序运行结果

8.2.4 Checkbutton 控件

Checkbutton 控件用于显示切换按钮的复选框按钮。用户可以通过单击相应的按钮选择一个或多个选项，还可以嵌入图像代替文字。创建 Checkbutton 控件的语法如下：

```
chk = Checkbutton(w,option,...).pack()
```

参数说明：

- w：表示父窗口。
- option：选项参数，见表 8-5。

表 8-5　Checkbutton 控件参数

控件参数	描述	控件参数	描述
anchor	文本位置	background(bg)	背景色
foreground(fg)	前景色	borderwidth	边框宽度
width	宽度	height	高度

续表

控件参数	描述	控件参数	描述
bitmap	位图	image	图片
justify	多行文本的对齐方式	text	文本
value	关联变量的值	variable	指定组件所关联的变量
indicatoron	特殊控制参数	textvariable	可变文本显示

【例 8-4】创建 Checkbutton 控件。实例代码如下：

```
#test8.4.py
def callChk():
    str="选择了"
    if v1.get()==1:
        str+="电子商务！"
    if v2.get()==1:
        str+="金融工程！"
    if v3.get()==1:
        str+="物流管理！"
    Label(w,text=str).pack()
from tkinter import *
w=Tk()
w.geometry("250x120")
w.title("复选框操作演示")
v1=IntVar()
v2=IntVar()
v3=IntVar()
v1.set(1)       #设置复选框的状态
v2.set(0)
v3.set(0)
Checkbutton(w,variable=v1,text='电子商务',command=callChk).pack()
Checkbutton(w,variable=v2,text='金融工程',command=callChk).pack()
Checkbutton(w,variable=v3,text='物流管理',command=callChk).pack()
w.mainloop()
```

以上程序运行结果如图 8-5 所示。

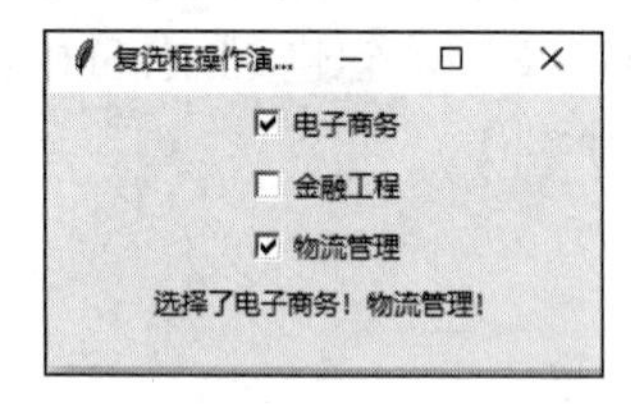

图 8-5　例 8-4 程序运行结果

8.2.5　Radiobutton 控件

Radiobutton 控件实现了多项选择按钮，向用户提供多项可能的选择，但用户只能选择其中之一。为了实现这个功能，每个单选按钮必须关联到相同的变量，每一个按钮都必须象征着一个单一的值。可以使用 Tab 键从一个按钮切换到另一个。

创建 Radiobutton 控件的语法如下：

```
rad= Radiobutton(w,option,...).pack()
```

参数说明：

- w：表示父窗口。
- option：选项参数，见表 8-5。

【例 8-5】创建 Radiobutton 控件，通过选择颜色来改变标签的颜色。实例代码如下：

```
#test8.5.py
    def colorChecked():      #改变标签文本颜色
  lbl.config(fg=color.get())
from tkinter import *
w=Tk()
w.title("单选按钮")
lbl=Label(w,text="Python 程序设计基础!",fg='red')
lbl.pack()
color=StringVar()
color.set('red')        #设置默认选项
Radiobutton(w,text="红色",variable=color,value="red",\
    command=colorChecked).pack()
Radiobutton(w,text="蓝色",variable=color,value="blue",\
    command=colorChecked).pack( )
Radiobutton(w,text="绿色",variable=color,value="green",\
    command=colorChecked).pack( )
w.mainloop()
```

以上程序运行结果如图 8-6 所示。

图 8-6　例 8-5 程序运行结果

8.2.6　文本框与框架控件

1. 单行文本框 Entry 控件用于接收用户单行文本字符串

创建 Entry 控件的语法如下：

```
ety = Entry(w,option,...).pack()
```

参数说明：

- w：代表父窗口。
- option：选项参数，见表 8-6。

表 8-6　Entry 控件参数

控件参数	描述	控件参数	描述
background(bg)	背景色	foreground(fg)	前景色
selectbackground	选定文本背景色	selectforeground	选定文本前景色

续表

控件参数	描述	控件参数	描述
borderwidth(bd)	文本框边框宽度	font	字体
show	文本框显示的字符，若为*，表示文本框为密码框	textvariable	可变文本，与 StringVar 等配合使用
width	文本框宽度	state	状态

【例 8-6】创建 Entry 控件，输入单行文本并单击按钮后显示输出内容。实例代码如下：

```
#test8.6.py
def entf():
    Label(w,text=v.get()).pack()
from tkinter import *
w=Tk()
w.geometry("350x150")
w.title("文本框操作演示")
v=StringVar()
Entry(w,textvariable=v).pack()
Button(w,text='显示',command=entf).pack()
w.mainloop()
```

以上程序运行结果如图 8-7 所示。

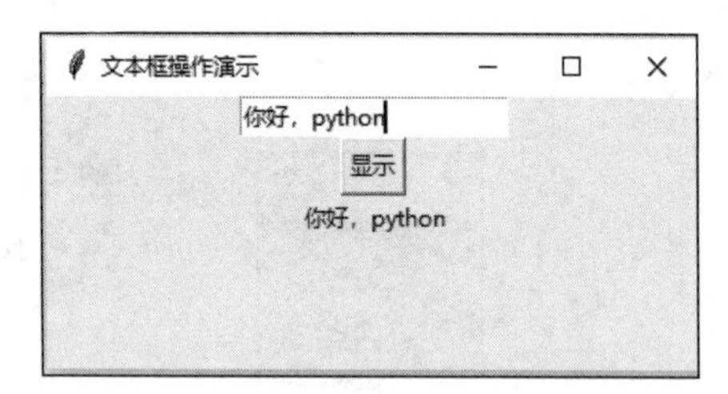

图 8-7 例 8-6 程序运行结果

2. 多行文本框

除 Entry 之外，Tkinter 还支持多行文本的输入类 Text，多行文本的输入和单行文本的输入类似，但用法稍微复杂。创建 Text 控件的语法如下：

```
Txt=Text(w).pack()
```

其运行结果是在窗口中出现一个多行的文本区域，可在此区域进行输入以及编辑。

【例 8-7】创建 Text 控件，输入多行文本并单击按钮后显示输出内容。实例代码如下：

```
#test8.7.py
from tkinter import *
w=Tk()
w.geometry("350x150")
w.title("多行文本框操作演示")
t=Text(w)
t.pack()
w.mainloop()
```

以上程序运行结果如图 8-8 所示。

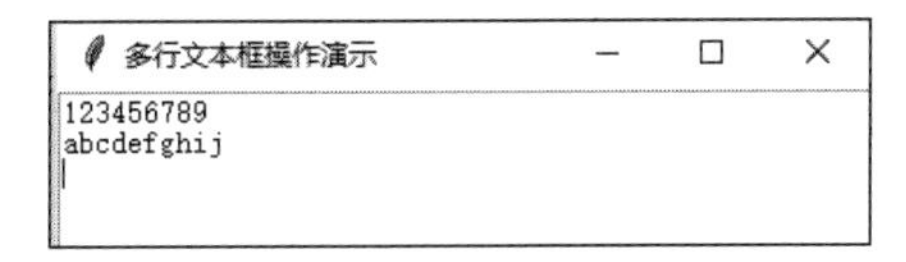

图 8-8　例 8-7 程序运行结果

3. 框架

Tkinter 模块提供了框架类 Frame 来创建一个框架，其属性有宽度 width 和高度 height，还可以设置边框 border，默认为 0，边框的风格可以通过 relief 来设置，属性与按钮属性相同。定义框架的语法格式如下：

F=Frame(w,option)

参数说明：

- w：代表父窗口。
- option：选项参数，见表 8-7。

表 8-7　Frame 控件参数

控件参数	描述	控件参数	描述
background(bg)	背景色	foreground(fg)	前景色
selectbackground	选定文本背景色	selectforeground	选定文本前景色
borderwidth(bd)	文本框边框宽度	font	字体
relief	选项按钮设置	cursor	鼠标位置

【例 8-8】创建 Frame 控件，建立一个框架。实例代码如下：

```
from tkinter import *
w=Tk()
w.geometry("350x150")
w.title("框架操作演示")
f=Frame(w,bd=4)
f.pack()
Checkbutton(f,text="电子商务").pack()
Checkbutton(f,text="金融工程").pack()
Checkbutton(f,text="物流管理").pack()
w.mainloop()
```

以上程序运行结果如图 8-9 所示。

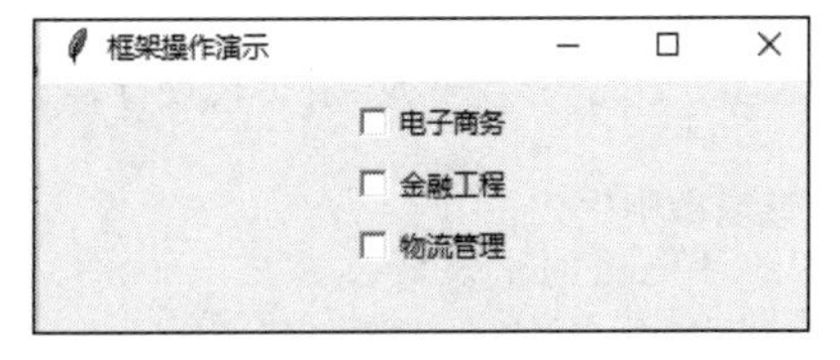

图 8-9　例 8-8 程序运行结果

8.2.7　下拉选项框 Combobox 控件

Combobox 为下拉列表控件，它可以包含一个或多个文本项（text item），可以设置为单选或多选。定义下拉列表框的语法如下：

Combobox(root,option,...)

参数说明：

- w：代表父窗口。
- option：选项参数，见表 8-8。

表 8-8　Combobox 控件参数

控件参数	描述
background(bg)	背景色
selectbackground	选定文本背景色
borderwidth(bd)	文本框边框宽度
show	文本框显示的字符，若为*，表示文本框为密码框
width	文本框宽度
auto	在行尾输入字符时，自动将文本滚动到左侧
type	控件类型。支持三种类型，分别是简单（Simple）、下拉（Dropdown）、下拉列表（Droplist）。默认类型是 Dropdown
foreground(fg)	前景色
selectforeground	选定文本前景色
font	字体
textvariable	可变文本，与 StringVar 等配合使用
state	状态
sort	默认情况下添加字符串具有自动排序功能，若不希望排序，可将 sort 属性设置为 False
tabstop	用户可以用 Tab 键移动该控件，方便用户在不同控件之间切换

【例 8-9】创建 Combobox 控件。实例代码如下：

```
#test8.9.py
import tkinter as tk
from tkinter import ttk
w= tk.Tk()
#添加标题
w.title("Python GUI")
ttk.Label(w, text="Chooes a number").grid(column=1, row=0)
#添加一个标签，并将其列设置为 1，行设置为 0
ttk.Label(w, text="Enter a name:").grid(column=0, row=0)
#设置其在界面中出现的位置，column 代表列，row 代表行。单击按钮之后会被执行
def clickMe():
    #当按钮被单击时，该函数则生效。
    bt.configure(text='Hello ' + name.get())
    #设置按钮显示的内容
    #将按钮设置为灰色状态，即不可使用状态
    bt.configure(state='disabled')
#创建一个按钮，text 为按钮上面显示的文字
#command：当这个按钮被单击之后会调用 command()函数
bt = ttk.Button(w, text="Click Me!", command=clickMe)

#设置其在界面中出现的位置，column 代表列，row 代表行
```

```
bt.grid(column=2, row=1)

#StringVar 是 Tk 库内部定义的字符串变量类型，在这里用于管理控件上面的字符；
#不过一般用在按钮上。改变 StringVar，按钮上的文字也随之改变
name = tk.StringVar()

#创建一个文本框，定义长度为 12 个字符，
#并且将文本框中的内容绑定到上一句定义的 name 变量上，方便 clickMe 调用
nameEntered = ttk.Entry(win, width=12, textvariable=name)

#设置其在界面中出现的位置，column 代表列，row 代表行
nameEntered.grid(column=0, row=1)

#当程序运行时，光标默认会出现在该文本框中
nameEntered.focus()
number = tk.StringVar()
numberChosen = ttk.Combobox(win, width=12, textvariable=number)

#设置下拉列表的值
numberChosen['values'] = (1, 2,3,4,5)

#设置其在界面中出现的位置，column 代表列，row 代表行
numberChosen.grid(column=1, row=1)

#设置下拉列表默认显示的值，0 为 numberChosen['values']的下标值
numberChosen.current(0)
win.mainloop()
```

以上程序运行结果如图 8-10 所示。

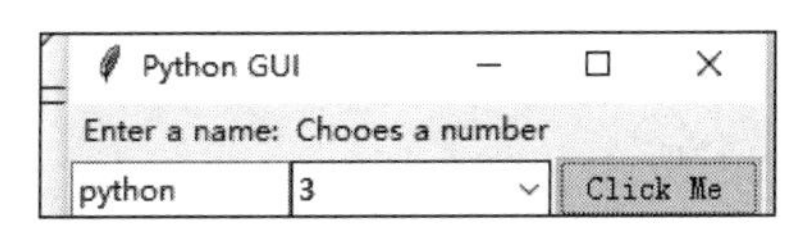

图 8-10　例 8-9 程序运行结果

8.2.8　列表框 Listbox

Listbox 主要是为用户提供一个或多个选项选择，Tkinter 通过 Listbox 类来创建一个列表框控件。

使用列表框时可以使用 insert()函数向列表框中插入一个选项，可以在当前位置 ACTIVE 插入，也可以在尾部 END 插入。

【例 8-10】 创建一个列表框控件，向其中插入三个选项。实例代码如下：

```
from tkinter import *
w=Tk()
w.geometry("250x150")
w.title("列表框操作演示一")
lb=Listbox(w)
for item in ['电子商务','金融工程','物流管理']:
    lb.insert(END,item)
lb.pack()
w.mainloop()
```

以上程序运行结果如图 8-11 所示。

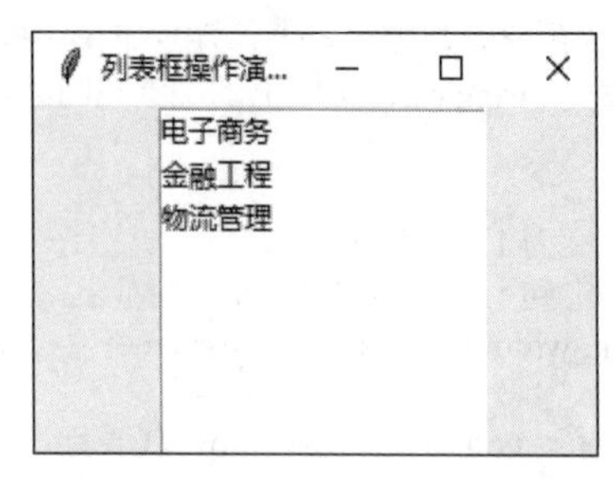

图 8-11　例 8-10 程序运行结果

使用列表框时，可以使用 delete()删除指定选项，delete()有两个参数：第一个参数为起始索引值，第二个参数为结束的索引值。

```
>>>lb.delete(3,1)
>>>delete(0,END)
```

8.2.9　Menu 控件

在 Python 中，菜单 Menu 是常用的控件之一，控件核心功能是用来创建三个菜单类型：弹出式、顶层和下拉。也可以通过 Menu 控件来使用其他的扩展控件，以实现新类型的菜单。如 OptionMenu 控件，便可实现一种特殊类型的菜单，生成一个项目的弹出列表。创建 Menu 控件的语法如下：

```
m = Menu(w,option=value,...)
```

参数说明：

- w：代表父窗口。
- option：选项参数，见表 8-9。

表 8-9　Menu 控件参数

控件参数	描述
background(bg)	背景色
selectbackground	选定文本背景色
borderwidth(bd)	文本框边框宽度
tearoff	分窗，0 为在原窗，1 为分为两个窗口
foreground(fg)	前景色
selectforeground	选定文本前景色
font	字体
activebackgound	单击时的背景，有 activeforeground 和 activeborderwidth

创建菜单控件时，先创建一个菜单控件对象，与某个窗口关联，然后添加菜单项，菜单项可以是简单的命令，也可以是级联式菜单、复选框或单选按钮，分别使用 add_command()、add_cascade()、add_checkbutton()、add_radiobutton()方法来添加，同时还可以使用 add_separator()方法来添加分隔线。例如：

```
from tkinter import *
w=Tk()
m=Menu(w)
w.config(menu=m)
m.add_command(label="F1")
m.add_command(label="F2")
```

以上程序运行结果如图 8-12 所示。

图 8-12　程序运行结果

【例 8-11】 创建 Menu 控件，设计一个"绘图"菜单，通过菜单项绘制不同的图形。实例代码如下：

```
#test8.11.py

from tkinter import *
def callback1():
    c=Canvas(w,width=300,height=200,bg='white')
    c.pack()
    c.create_rectangle(50,50,200,200)
def callback2():
    c=Canvas(w,width=300,height=200,bg='white')
    c.pack()
    c.create_oval(50,50,140,140)
def callback3():
    w.quit()
def callback4():
    print("我不是在学习 Python，就是在学习 Python 路上.")
w=Tk()
w.title("菜单设计")
m=Menu(w)
w.config(menu=m)
plotmenu=Menu(m)
m.add_cascade(label="绘图",menu=plotmenu)
plotmenu.add_command(label="矩形",command=callback1)
plotmenu.add_separator()
plotmenu.add_command(label="圆",command=callback2)
plotmenu.add_command(label="退出",command=callback3)
helpmenu=Menu(m)
m.add_cascade(label="帮助",menu=helpmenu)
helpmenu.add_command(label="About...",command=callback4)
w.mainloop()
```

以上程序运行结果如图 8-13 所示。

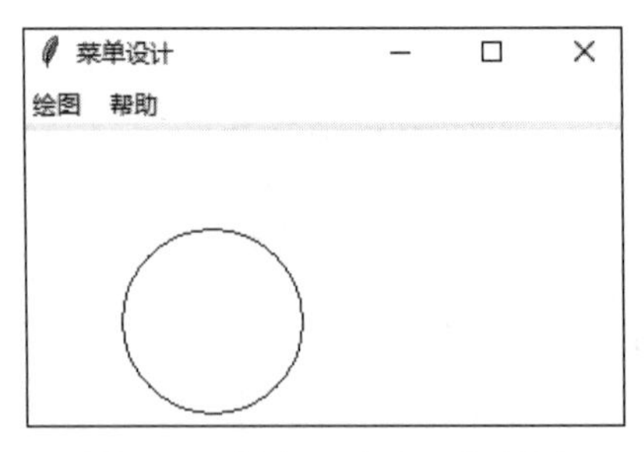

图 8-13 例 8-11 程序运行结果

从菜单中可以看到，在“绘图”菜单项下面有一根虚线，单击虚线可以将菜单和主窗口分离，在创建级联菜单时，如果需要禁止分离，语句为：

```
Plotmenu=Menu(m,tearoff=0)      #系统默认是可以分离
```

8.3 对象的布局方式

Tkinter 中提供了三种布局管理器，分别是 pack、grid、place，它们的任务就是根据用户要求来安排控件的位置。

8.3.1 pack 布局管理器

pack 布局管理器将所有控件组织为一行或一列（是一种打包方式），以紧凑方式来布局，适用于简单的布局，默认的布局方式是根据控件创建的顺序将控件自上而下地添加到父控件中。可以使用 fill、side、expand、ipadx/ipady、padx/pady 等属性对控件的布局进行控制。

- fill 属性是设置填充空间，参数为 X 值在 X 方向填充，参数为 Y 值在 Y 方向填充，也可以同时填充，和不填充。
- side 属性为对齐方式，参数为 LEFT 和 RIGHT。
- expand 属性为使用空白空间，取值为 1 时会随着父控件大小变化，取值为 0 则其大小不变化。
- ipadx/ipady 属性设置控件内部在 x/y 方向的间隙。
- padx/pady 属性设置控件外部在 x/y 方向的间隙。

【例 8-12】pack 布局管理器的应用。实例代码如下：

```
from tkinter import *
w=Tk()
w.geometry('250x100')      #改变 w 的大小为 250×100
Lbl1=Label(w,text='北京大学',bg='yellow')
Lbl1.pack(expand=1,side=LEFT,ipadx=20)
Lbl2=Label(w,text='清华大学',bg='red')
Lbl2.pack(fill=Y,expand=1,side=LEFT,padx=10)
Lbl3=Label(w,text='中山大学',bg='green')
Lbl3.pack(fill=X,expand=0,side=RIGHT,padx=10)
w.mainloop()
```

以上程序运行结果如图 8-14 所示。

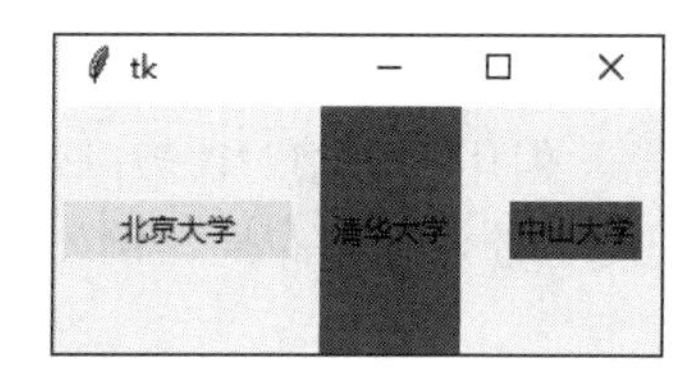

图 8-14　例 8-12 程序运行结果

8.3.2　gird 网格布局管理器

grid 网格布局管理器将窗口或框架视为一个由行和列构成的二维表格，并将控件放入行列交叉处的单元格中。

grid 网格布局管理器用 grid()方法的选项 row 和 column 指定行、列编号。

grid()方法的 sticky 选项用来改变对齐方式。

如果想让一个控件占据多个单元格，可以使用 grid()方法的 rowspan 和 columnspan 选项来指定在行和列方向上的跨度。

在 Tkinter 模块中利用方位来定位，有 N、S、E、W、CENTER，分别表示北、南、东、西、中 5 个位置，还可以使用 NE、SE、NW、SW 来表示右上角、右下角、左上角、左下角。

【例 8-13】 gird 网格布局管理器的应用。实例代码如下：

```
from tkinter import *
w=Tk()
var1=IntVar()
var2=IntVar()
Label(w,text="姓名").grid(row=0,column=0,sticky=W)
Label(w,text="住址").grid(row=0,column=10,sticky=E)
Entry(w).grid(row=0,column=1)
Entry(w).grid(row=0,column=11)
lframe=LabelFrame(w,text='性别')
radiobutton1=Radiobutton(lframe,text='男',variable=var1)
radiobutton2=Radiobutton(lframe,text='女',variable=var2)
lframe.grid(sticky=W)
radiobutton1.grid(sticky=W)
radiobutton2.grid(sticky=W)
w.mainloop()
```

以上程序运行结果如图 8-15 所示。

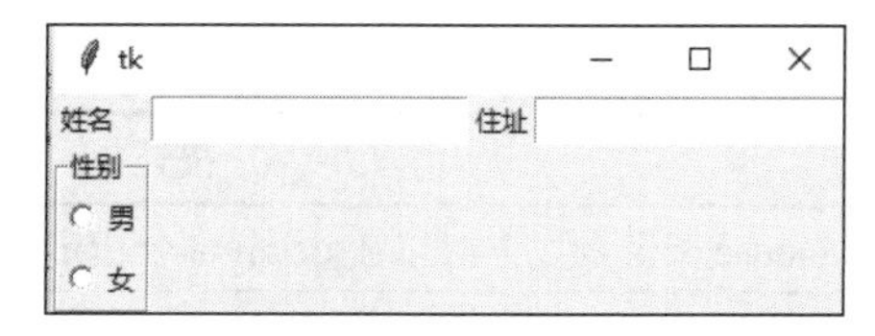

图 8-15　例 8-13 程序运行结果

8.3.3　place 布局管理器

place 布局管理器是一种绝对定位管理器，直接指定控件在父控件（窗口或框架）中的位置坐标。为使用这种布局，只需先创建控件，再调用控件中的 place()方法，该方法的选项 x

和 y 用于设定坐标。父控件的坐标系以左上角为(0,0)，x 轴方向向右，y 轴方向向下。

place 是一种灵活的布局管理器，但用起来相对比较麻烦，通常不适合对普通窗口和对话框来进行布局，其用途主要是实现复合控件定制布局。例如：

```
>>> from tkinter import *
>>> w=Tk()
>>> Label(w,text="python").place(x=0,y=0)                    #默认左上角 NW
>>> Label(w,text="python").place(x=199,y=199,anchor=SE)      #放在右下角 SE
```

8.4 事件响应

所谓事件（event）就是当程序上发生操作时，程序发生的响应。如当用户按键盘上的某一个键、单击或者移动鼠标时，对于这些事件，程序需要做出反应。Tkinter 提供的组件通常都包含许多内在行为，例如按键盘上的某些键，所输入的内容就会显示在对应的输入栏内。

Tkinter 的事件处理可以创建、修改或者删除这些方法。事件处理者是当事件发生的时候被调用的程序中的某个函数。可以通过绑定 bind()方法将事件与事件处理函数完成绑定。

Tkinter 通过队列来指定完成的事件。事件队列是包含了多个或一个事件类型的字符串。每一个事件的类型都指定了一项事件，当有多项事件的类型包含在事件队列中时，当且仅当描述符中全部事件发生时才会调用处理函数。事件类型的通用格式如下：

```
<[modifier-]…type[-detail]>
```

参数说明：

- 事件类型必须放置于尖括号<>内。
- modifier：用于定义组合键。
- type：描述了通用的类型，例如 keyboard 按键、mouse 单击。
- detail：用于明确定义是按钮或哪一个键的事件。

Tkinter 应用的绝大部分时间都花费在内部的事件循环上（通过 mainloop 方法进入）。其中事件来自各种途径，包括用户的按键和鼠标操作，窗口管理器的刷新事件，大多数情况下由用户直接触发。

8.4.1 鼠标事件

鼠标事件是单击鼠标或者移动鼠标的过程中所产生的事件。具体事件类型见表 8-10。

表 8-10 鼠标事件

名称	描述
ButtonPress	按下 mouse 某键触发，可以在 detail 部分指定是某个键
ButtonRelease	释放 mouse 某键触发，可以在 detail 部分指定是某个键
Motion	单击 mouse 中间的键同时拖拽移动时触发
Enter	当光标移进某组件时触发
Leave	当光标移出某组件时触发
MouseWheel	当鼠标滚轮滚动时触发

【例 8-14】测试鼠标单击事件。实例代码如下：

```
#test8.14.py

def hello():
        print("how are you")
from tkinter import *
w=Tk()
btn=Button(w,text="click me",command=hello)
btn.pack()
btn.mainloop()
```

以上程序运行结果如图 8-16 所示。

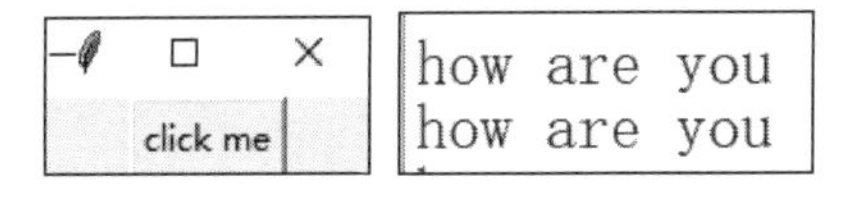

图 8-16　例 8-14 程序运行结果

【例 8-15】测试鼠标的移动事件。实例代码如下：

```
#test8.15.py
from tkinter import *
w= Tk()
def printCoords(event):
      print (event.x,event.y)

#创建第一个 Button 并将它与左键移动事件绑定
bt1 = Button(w,text = 'left button')
bt1.bind('<B1-Motion>',printCoords)

#创建第二个 Button 并将它与右击移动事件绑定
bt3 = Button(w,text = 'right button')
bt3.bind('<B3-Motion>',printCoords)
bt1.grid()
bt3.grid()
w.mainloop()
```

以上程序运行结果如图 8-17 所示。

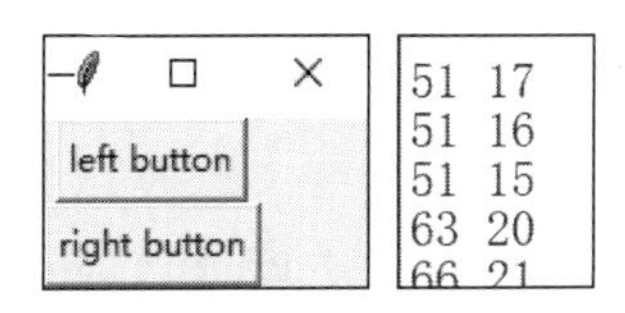

图 8-17　例 8-15 程序运行结果

图 8-17 的界面中，在 left button 按钮上单击鼠标左键并拖动会触发事件，按下左键拖动时，会记录下光标的 X 和 Y 坐标；在 right button 按钮上单击鼠标右键并拖动会触发事件，按下右键拖动时，会记录下光标的 X 和 Y 坐标。

8.4.2　键盘 keyboard 事件

keyboard 事件是按键盘输入过程中产生的事件，具体事件类型见表 8-11。

表 8-11 键盘事件

名称	描述
KeyPress	按下 keyboard 某键时触发，可以在 detail 部分指定是某键
KeyRelease	释放 keyboard 某键时触发，可以在 detail 部分指定是某个键

【例 8-16】测试键盘特殊事件，特殊键可以是回车键、退格键等。实例代码如下：

```
#test8.16.py
import tkinter as tk
w = tk .Tk()
w.title("xinghaohan")
w.geometry("400x400")
label = tk .Label(w,text="good good study", bg="red")
label.focus_set()    #设置焦点
label.pack()
def func(event):
    print("event.char =", event.char)
    print("event.keycode =", event.keycode)
#<Shift_L> 左 shift
#<Shift_R> 右 shift
#<F5>
#<Return     回车
#<BackSpace>退格
label.bind("<Return>",func)
w.mainloop()
```

以上程序运行结果为：当按回车键时，会输出其 ASCII 码，按其他键无效。具体如图 8-18 所示。

图 8-18 例 8-16 程序运行结果

【例 8-17】测试所有的键盘输入事件。实例代码如下：

```
#test8.17.py
import tkinter as tk
w = tk.Tk()
w.title("nfxy")
w.geometry("400x400")
label = tk.Label(w,text="世界那么大，我要学 Python", bg="blue")
#设置焦点
label.focus_set()
label.pack()
def func(event):
    print("event.char =", event.char)
    print("event.keycode =", event.keycode)
#<Key> 响应所有的按键
label.bind("<Key>",func)
w.mainloop()
```

以上程序运行结果为：本程序能完成输入任意键，返回其 ASCII 码。具体如图 8-19 所示。

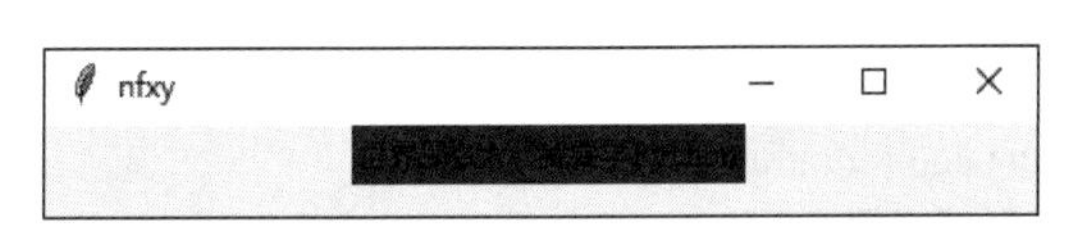


```
event.char = shift_r
event.keycode = 16
event.char = a
event.keycode = 65
event.char = 1
event.keycode = 49
```

图 8-19　例 8-17 程序运行结果

以上界面中，可以按键盘上的所有键来测试键盘输入。

以下是指定按键事件的代码，提出只能按 a：

```
import tkinter as tk
w= tk .Tk()
w.title("nfxy")
w.geometry("400x400")
def func(event):
    print("event.char =", event.char)
    print("event.keycode =", event.keycode)
w.bind("a",func)
w.mainloop()
```

8.4.3　图形用户界面应用程序举例

本章前面介绍了 Tkinter 图形库的用户界面设计，下面介绍一个综合性例子，来说明 GUI 的应用。

【例 8-18】设计一个简易的计算器，其界面如图 8-20 所示，要求能实现加减乘除运算，同时有清除、退格以及计算键。

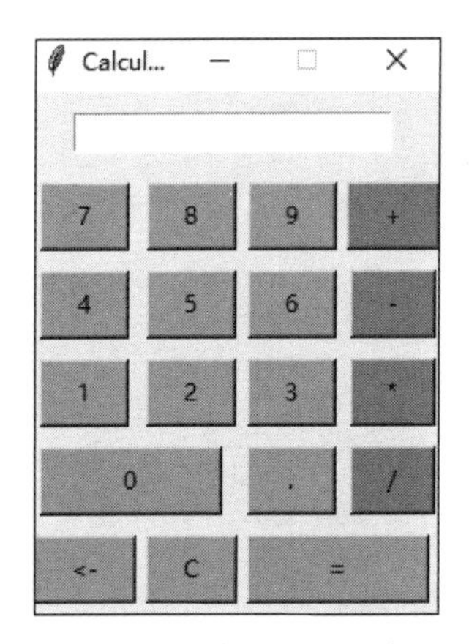

图 8-20　例 8-18 界面

实例代码如下：

```
import tkinter
from functools import partial

#按钮输入调用
def get_input(entry, argu):
    #从 entry 窗口展示中获取输入的内容
```

```
        input_data = entry.get()

        #合法运算符：+ - * / -- ** // +-
        #------------ 输入合法性判断的优化 ------------
        #最后一个字符不是纯数字（已经有算术符号），原窗口值不为空，且输入值为运算符
        #if not input_data[-1:].isdecimal() and (not argu.isdecimal()):
        #     if input_data[-2:] in ["--", "**", "//", "+-"]:
        #         return
        #     if (input_data[-1:] + argu) not in ["--", "**", "//", "+-"]:
        #         return
        #-----------------------------------------------

        #出现连续+，则第二个+为无效输入，不做任何处理
        if (input_data[-1:] == '+') and (argu == '+'):
            return
        #出现连续+--，则第三个-为无效输入，不做任何处理
        if (input_data[-2:] == '+-') and (argu == '-'):
            return
        #窗口已经有--，后面字符不能为+或-
        if (input_data[-2:] == '--') and (argu in ['-', '+']):
            return
        #窗口已经有**，后面字符不能为 * 或 /
        if (input_data[-2:] == '**') and (argu in ['*', '/']):
            return

        #输入合法，将字符插入到 entry 窗口结尾
        entry.insert("end", argu)

#退格（撤销输入）
def backspace(entry):
    input_len = len(entry.get())
    #删除 entry 窗口中最后的字符
    entry.delete(input_len - 1)

#清空 entry 内容（清空窗口）
def clear(entry):
    entry.delete(0, "end")

#计算
def calc(entry):
    input_data = entry.get()
    #计算前判断输入内容是否为空；首字符不能为*/；*/不能连续出现 3 次
    if not input_data:
        return
    clear(entry)
    #异常捕获，在进行数据运算时如果出现异常，则进行相应处理
    #noinspection PyBroadException
    try:
        #eval()函数用来执行一个字符串表达式，并返回表达式的值；并将执行结果转换为字符串
        output_data = str(eval(input_data))
```

```
        except Exception:
            #将提示信息输出到窗口
            entry.insert("end", "Calculation error")
        else:
            #将计算结果显示在窗口中
            if len(output_data) > 20:
                entry.insert("end", "Value overflow")
            else:
                entry.insert("end", output_data)
if __name__ == '__main__':
    root = tkinter.Tk()
    root.title("Calculator")
    #框体大小可调性，分别表示 x、y 方向的可变性
    root.resizable(0, 0)
    button_bg = 'orange'
    math_sign_bg = 'DarkTurquoise'
    cal_output_bg = 'YellowGreen'
    button_active_bg = 'gray'
    #justify：显示多行文本的时候，设置不同行之间的对齐方式，可选项包括 LEFT、RIGHT、
CENTER
    #文本从窗口左方开始显示，默认可以显示 20 个字符
    #row：entry 组件在网格中的横向位置
    #column：entry 组件在网格中的纵向位置
    #columnspan：正常情况下，一个插件只占一个单元；可通过 columnspan 来合并一行中的多个
相邻单元
    entry = tkinter.Entry(root, justify="right", font=1)
    entry.grid(row=0, column=0, columnspan=4, padx=10, pady=10)
    def place_button(text, func, func_params, bg=button_bg, **place_params):
        #偏函数 partial，可以理解为定义了一个模板，后续的按钮在模板基础上进行修改或添加
特性
        #activebackground：按钮按下后显示颜 place_params 色
        my_button = partial(tkinter.Button, root, bg=button_bg, padx=10, pady=3, activebackground=
button_active_bg)
        button = my_button(text=text, bg=bg, command=lambda: func(*func_params))
        button.grid(**place_params)

    #文本输入类按钮
    place_button('7', get_input, (entry, '7'), row=1, column=0, ipadx=5, pady=5)
    place_button('8', get_input, (entry, '8'), row=1, column=1, ipadx=5, pady=5)
    place_button('9', get_input, (entry, '9'), row=1, column=2, ipadx=5, pady=5)
    place_button('4', get_input, (entry, '4'), row=2, column=0, ipadx=5, pady=5)
    place_button('5', get_input, (entry, '5'), row=2, column=1, ipadx=5, pady=5)
    place_button('6', get_input, (entry, '6'), row=2, column=2, ipadx=5, pady=5)
    place_button('1', get_input, (entry, '1'), row=3, column=0, ipadx=5, pady=5)
    place_button('2', get_input, (entry, '2'), row=3, column=1, ipadx=5, pady=5)
    place_button('3', get_input, (entry, '3'), row=3, column=2, ipadx=5, pady=5)
    place_button('0', get_input, (entry, '0'), row=4, column=0, padx=8, pady=5,
                 columnspan=2, sticky=tkinter.E + tkinter.W + tkinter.N + tkinter.S)
    place_button('.', get_input, (entry, '.'), row=4, column=2, ipadx=7, padx=5, pady=5)
    #运算输入类按钮（只是背景色不同）
```

```
#字符大小（'+'、'-'宽度不一样，使用 ipadx 进行修正）
place_button('+', get_input, (entry, '+'), bg=math_sign_bg, row=1, column=3, ipadx=5, pady=5)
place_button('-', get_input, (entry, '-'), bg=math_sign_bg, row=2, column=3, ipadx=5, pady=5)
place_button('*', get_input, (entry, '*'), bg=math_sign_bg, row=3, column=3, ipadx=5, pady=5)
place_button('/', get_input, (entry, '/'), bg=math_sign_bg, row=4, column=3, ipadx=5, pady=5)
#功能输入类按钮（背景色、触发功能不同）
place_button('<-', backspace, (entry,), row=5, column=0, ipadx=5, padx=5, pady=5)
place_button('C', clear, (entry,), row=5, column=1, pady=5, ipadx=5)
place_button('=', calc, (entry,), bg=cal_output_bg, row=5, column=2, ipadx=5, padx=5, pady=5,
             columnspan=2, sticky=tkinter.E + tkinter.W + tkinter.N + tkinter.S)

root.mainloop()
```

习题 8

一、选择题

1. 下列控件类中，可用于创建多行文本框的是（　）。

A．Button　　B．Label　　C．Entry　　D．Text

2. 如果要输入个人的兴趣爱好，比较好的方法是采用（　）。

A．单选按钮　　B．复选框　　C．列表框　　D．文本框

3. 如果要输入个人的性别，比较好的方法是采用（　）。

A．单选按钮　　B．复选框　　C．列表框　　D．文本框

4. GUI 编程中（　）控件用于接收用户单行文本字符串。

A．Entry　　B．Toplevel　　C．Radiobutton　　D．PanedWindow

5. 为使 Tkinter 模块创建的按钮起作用，应在创建按钮时，为按钮控件类的（　）方法指明回调函数或语句。

A．pack　　B．bind　　C．text　　D．command

二、简答题

1. 创建 GUI 的步骤是什么？
2. Python 常用控件有哪些？
3. 什么叫事件绑定？事件绑定的方式有哪些？

三、编程题

1. 创建 GUI 界面，当单击按钮时，可以在界面中显示“hello,python!”。
2. 创建 GUI 界面，要求输入三角形三条边，求出三角形面积。

第 9 章　数据库编程

随着数据库技术的广泛应用，开发各种数据库应用程序已成为计算机应用的一个重要方面。Python 同样具有强大的数据库操作功能。

本章学习重点：

- 基于 SQLite 数据库编程
- 使用 DB Browser for SQLite 可视化工具
- 数据库创建
- 数据查询
- 数据修改

9.1　关联式数据库简介

在信息化社会，充分有效地管理和利用各类信息资源是进行科学研究和决策管理的前提条件。数据库技术是管理信息系统、办公自动化系统、决策支持系统等各类信息系统的核心部分，是进行科学研究和决策管理的重要技术手段。随着数据库技术的广泛应用，开发各种数据库应用程序已成为计算机应用的一个重要方面。

简单地说，数据库（database）就是一个存放数据的仓库，这个仓库是按照一定的数据结构（数据结构是指数据的组织形式或数据之间的联系）来组织、存储的，我们可以通过数据提供的多种方法来管理数据库里的数据。当人们收集了大量的数据后，应该把它们保存起来进行进一步的处理，即进一步抽取有用的信息。当年人们把数据存放在文件柜中，可现在随着社会的发展，数据量急剧增长，现在人们就借助计算机和数据库技术科学地保存大量的数据，以便能更好地利用这些数据资源。

当前主流的数据库有关联式（relational）、层次式（hierarchy）和网状式（network）数据库三种。不同的数据库是按不同的数据结构来联系和组织的。其中关联式数据库是最常见的数据库模型。

（1）关联式数据库的由来。虽然网状数据库和层次数据库已经很好地解决了数据的集中和共享问题，但是在数据库独立性和抽象级别上仍有很大欠缺。用户在对这两种数据库进行存取时，仍然需要明确数据的存储结构，指出存取路径。而关联式数据库就可以较好地解决这些问题。

（2）关联式数据库的特点。关联式数据库是一组数据项，项目之间具有预先定义的关系。这些项目会整理成由直栏和横列构成的一组表格。表格会储存数据库中所要表示的对象的相关信息。表格的每一直栏存储特定类型的数据，而每个字段存储某个属性的实际数值。表格中的横列代表一个对象或实体的一组相关数值。表格的每一横列可以用称为主键的唯一识别符加以标记，而多个表格之间的横列可使用外键建立关联。您不需要重新整理数据库表格，即可用许多不同方法存取这些数据。一个数据库里面通常包含多个表，比如教师的开课情况表（表 9-1）、班级的基本情况表、学校的课程统计表等。

表 9-1 教师的开课情况表

姓名	工号	课程号	课程名
雷小米	202150001	A1324	手机界面开发
柳大想	202150002	A1346	笔记本电脑制造
刘中东	202150003	A1338	创新奶茶配方学
马阿宝	202150004	A1455	网店运营实训

关联式数据库诞生 40 多年了，从理论产生发展到现实产品，例如 Oracle 和 MySQL，其中 Oracle 在数据库领域形成每年高达数百亿美元的庞大产业市场。

9.2 SQLite 数据库应用

9.2.1 关于 SQLite 数据库

1. SQLite 数据库概述

SQLite 是嵌入式关系数据库管理系统。它的数据库就是一个文件。由于 SQLite 本身是用 C 语言写的，而且体积很小，因此经常被集成到各种应用程序中，甚至在 iOS 和 Android 的 App 中都可以被集成。

SQLite 是一个进程内的库，实现了自给自足的、无服务器的、零配置的、事务性的 SQL 数据库引擎。它是一个零配置的数据库，这意味着与其他数据库一样，不需要在系统中进行配置。

与其他数据库类似，SQLite 引擎不是一个独立的进程，可以按应用程序需求进行静态或动态连接。SQLite 直接访问其存储文件。

由 Gerhard Haring 编写的 sqlite3 模块与 Python 进行集成。它提供了符合由 PEP 249 描述的 DB-API 2.0 规范的 SQL 接口。所以不需要单独安装此模块，因为默认情况下随着 Python 2.5.x 以上版本一起发布运行。要使用 sqlite3 模块，必须首先创建一个表示数据库的连接对象，然后可以选择创建的游标对象来执行 SQL 语句。

2. SQLite 数据库的特点

SQLite 是一个非常轻量级的数据库，因此将它作为计算机、手机、相机、家用电子设备等的嵌入式软件。

SQLite 的数据存储非常简单高效。当需要将文件存盘时，SQLite 可以生成较小数据量的存盘，并且包含常规 ZIP 存盘的大量元数据。

SQLite 可以用作临时数据集，以对应用程序中的一些数据进行一些处理。

在 SQLite 数据库中，数据查询非常简单，可以将数据加载到 SQLite 内存数据库中，随时提取数据，并可以按照自己想要的方式提取数据。

SQLite 提供了一种简单有效的方式来处理数据，而不是以内存变量来做数据处理。例如：如果您正在开发一个程序，并且要对一些记录进行一些计算，则您可以创建一个 SQLite 数据库并在其中插入记录、查询记录、选择记录以直接进行所需的计算。

SQLite 非常容易学习和使用。它不需要任何安装和配置。只需复制计算器中的 SQLite 库，就可以创建数据库了。

9.2.2　连接 SQLite 数据库

在 SQLite 中，sqlite3 命令用于创建新的数据库，语法如下：

```
sqlite3 DatabaseName.db
```

参数说明：

- DatabaseName.db：数据库名称，在关联式数据库（Relational DataBase Management System，RDBMS）中应该是唯一的。如果数据库不存在，则将自动创建具有给定名称的新数据库文件。

【例 9-1】连接一个指定的数据库。如果数据库不存在，那么将在 Python 的安装目录下创建这个数据库，最后返回这个数据库对象。实例代码如下：

```
import sqlite3        #引入 sqlite3 模块

conn = sqlite3.connect('firstDB.db')
#使用 connect 方法建立数据库

print ('成功创建数据库')
```

以上程序运行结果为：

```
Opened database successfully
```

可以在 Python 的安装目录下查看创建的数据库，如图 9-1 所示。

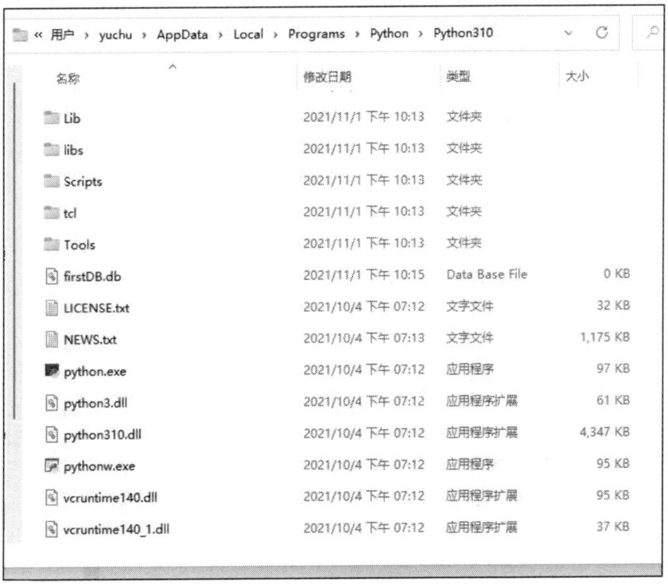

图 9-1　创建的数据库

9.2.3 创建数据表

在 SQLite 中使用 CREATE TABLE 语句可在任何给定的数据库中创建一个新表。创建基本表涉及命名表、定义列及每一列的数据类型。CREATE TABLE 语句的基本语法如下：

```
CREATE TABLE database_name.table_name(
column1 datatype PRIMARY KEY(one or more columns),
column2 datatype,
column3 datatype,
...
columnN datatype);
```

参数说明：

- database_name.table_name：创建的表名称。
- column：每列的名称。
- datatype：数据类型。

【例 9-2】在已经创建的数据库 firstDB.db 中新建一个 teacher 表，内容见表 9-2。实例代码如下：

```
import sqlite3

#打开数据库连接
conn = sqlite3.connect('firstDB.db')
print ('打开数据库')

#创建一个表  teacher
conn.execute('''CREATE TABLE teacher
          (TC_ID INT PRIMARY KEY NOT NULL,
          TC_NAME TEXT NOT NULL,
          AGE INT NOT NULL,
          COURSE TEXT NOT NULL);''')
#数据表共有四个栏位

print ('数据表创建成功')
conn.close()
#每次要记得将数据库关闭
```

以上程序运行结果为：

```
打开数据库
数据表创建成功
```

表 9-2　teacher 表

TC_ID（工号，主键）	TC_NAME（姓名）	AGE（年龄）	COURSE（课程名）

【例 9-3】在已经创建的数据库 firstDB.db 中新建一个表 course，内容见表 9-3。实例代码如下：

```
import sqlite3

#打开数据库连接
conn = sqlite3.connect('firstDB.db')
print ('打开数据库');

#创建数据表 course
conn.execute('''CREATE TABLE course
        (CR_ID INT PRIMARY KEY NOT NULL,
        CR_NAME TEXT NOT NULL,
        ST_NUM INT NOT NULL,
        DEPART CHAR NOT NULL);''')
print ('数据表创建成功');
conn.close()
#每次要记得将数据库关闭
```

以上程序运行结果为：

```
打开数据库
数据表创建成功
```

表 9-3　course 表

CR_ID （课程 ID，主键）	CR_NAME （课程名称）	ST_NUM （学生人数）	DEPART （开课单位）

9.2.4　删除数据表

在 SQLite 中使用 DROP TABLE 语句来删除表定义及其所有相关数据、索引、触发器、约束和该表的权限规范。使用该命令时要特别注意，因为一旦一个表被删除，表中所有信息也将永远失去。DROP TABLE 语句的基本语法如下：

```
DROP TABLE database_name.table_name;
```

参数说明：

- database_name.table_name：要删除的表。

【例 9-4】在已经创建的数据库 firstDB.db 中删除表 course。实例代码如下：

```
import sqlite3

conn = sqlite3.connect('firstDB.db')
print ('打开数据库')

#清除已存在的表 course
conn.execute('''DROP TABLE course''')
print('成功删除数据表 course')

conn.close()
#每次要记得将数据库关闭
```

以上程序运行结果为：

```
打开数据库
成功删除数据表 course
```

9.2.5 向数据表中添加数据

在 SQLite 中 INSERT INTO 语句用于向数据库的某个表中添加新的数据行。INSERT INTO 语句有两种基本语法，如下所示：

```
INSERT INTO TABLE [(column1,column2,column3,...,columnN)]
VALUES(value1,value2,value3,...,valueN);
```

参数说明：

- TABLE：添加数据的表。
- column1,column2,...,columnN：插入数据表中的列的名称。
- value1,value2,value3,...,valueN：插入列中的具体值。

【例 9-5】在已经创建的 student 表中添加数据。实例代码如下：

```
import sqlite3

conn = sqlite3.connect('firstDB.db')
print ('打开数据库');

#插入数据
conn.execute("INSERT INTO teacher (TC_ID,TC_NAME,AGE,COURSE)
          VALUES (202150001, '雷小军', 35, 'A1324 )")
conn.execute("INSERT INTO teacher (TC_ID,TC_NAME,AGE,COURSE)
          VALUES (202150002, '柳大想', 38, 'A1346' )")
conn.execute("INSERT INTO teacher (TC_ID,TC_NAME,AGE,COURSE)
          VALUES (202150003, '刘中东', 39, 'A1338' )")
conn.execute("INSERT INTO teacher (TC_ID,TC_NAME,AGE,COURSE)
          VALUES (202150004,'马阿宝', 45, 'A1455')")
conn.commit()
#执行插入 SQL 指令
print ('成功插入数据');

conn.close()
#每次要记得将数据库关闭
```

以上程序运行结果为：

```
打开数据库
成功插入数据
```

添加数据后，teacher 表数据内容见表 9-4。

表 9-4 teacher 表数据内容

TC_ID（工号，主键）	TC_NAME（姓名）	AGE（年龄）	COURSE（课程号）
202150001	雷小军	35	A1324
202150002	柳大想	38	A1346
202150003	刘中东	39	A1338
202150004	马阿宝	45	A1455

9.2.6 查找数据

在 SQLite 中使用 SELECT 语句从 SQLite 数据库表中获取数据并返回数据。SQLite 的 SELECT 语句的基本语法如下：

```
SELECT column1,column2,…,columnN FROM TABLE
```

参数说明：

- column：要查找的数据列。
- TABLE：要查找的表。

要获取所有可用的数据列中的值，也可以使用下面的语法：

```
SELECT * FROM TABLE;
```

【例 9-6】在已经创建的 teacher 表中查找数据并打印。实例代码如下：

```
import sqlite3

conn = sqlite3.connect('firstDB.db')
print ('打开数据库')

#建立光标，指向数据表中的数据
cursor = conn.execute("SELECT TC_ID, TC_NAME, AGE, COURSE FROM teacher")

#遍历数据表，把每笔数据打印出来
for row in cursor:
    print ("TC_ID = ", row[0])
    print ("TC_NAME = ", row[1])
    print ("AGE = ", row[2])
    print ("COURSE = ", row[3], "\n")
print ('打印完毕')

conn.close()
#每次要记得将数据库关闭
```

以上程序运行结果为：

```
打开数据库
TC_ID = 202150001
TC_NAME = 雷小军
AGE = 35
COURSE = A1324

TC_ID= 202150002
TC_NAME = 柳大想
AGE = 38
COURSE = A1346

TC_ID = 202150003
TC_NAME = 刘中东
AGE = 39
```

```
COURSE = A1338

TC_ID = 202150004
TC_NAME =  马阿宝
AGE = 45
COURSE = A1455

打印完毕
```

9.2.7 更新数据

在 SQLite 中使用 UPDATE 语句来查询并修改表中已有的数据。可以使用带有 WHERE 子句的 UPDATE 查询来更新选定行，否则所有的行都会被更新。带有 WHERE 子句的 UPDATE 查询更新语句的基本语法如下：

```
UPDATE TABLE
SET column1 = value1,column2=value2,…,columnN=valueN
WHERE [condition];
```

参数说明：

- condition：修改的数据需要满足的条件。可以使用 AND 或 OR 运算符来结合 *N* 个数量的条件。

【例 9-7】在已经创建的 teacher 表中更新数据并打印新表中的数据，将工号为 202150004 的老师的年龄更正为 49。实例代码如下：

```
import sqlite3

conn = sqlite3.connect('firstDB.db')
print ('打开数据库')

conn.execute("UPDATE teacher SET AGE = 49 WHERE TC_ID=202150004")
conn.commit()
#执行修改 SQL 指令
print('修改成功')

#打印出更新后的数据
print('修改后的数据：')
cursor = conn.execute("SELECT TC_ID, TC_NAME, AGE, COURSE FROM student")

#遍历数据表，把每笔数据打印出来
for row in cursor:
    print ("TC_ID = ", row[0])
    print ("TC_NAME = ", row[1])
    print ("AGE = ", row[2])
    print ("COURSE = ", row[3], "\n")
print ('打印完毕')

conn.close()
#每次要记得将数据库关闭
```

以上程序运行结果为：

```
打开数据库
修改成功
修改后的数据：
TC_ID = 202150001
TC_NAME =  雷小军
AGE = 35
COURSE = A1324

TC_ID= 202150002
TC_NAME =  柳大想
AGE = 38
COURSE = A1346

TC_ID = 202150003
TC_NAME =  刘中东
AGE = 39
COURSE = A1338

TC_ID = 202150004
TC_NAME =  马阿宝
AGE = 49
COURSE = A1455

打印完毕
```

9.2.8　删除数据

在 SQLite 中使用 DELETE 语句来查询并删除表中已有的记录。可以使用带有 WHERE 子句的 DELETE 查询来删除选定行，否则所有的记录都会被删除。带有 WHERE 子句的 DELETE 查询删除语句的基本语法如下：

```
DELETE FROM TABLE
WHERE [condition];
```

参数说明：

- condition：删除的数据需要满足的条件。可以使用 AND 或 OR 运算符来结合 *N* 个数量的条件。

注意：如果没有给定任何 WHERE 子句，则会将数据表中所有的记录都删除。

【例 9-8】在已经创建的 teacher 表中删除数据并打印新表中的数据。实例代码如下：

```
import sqlite3

conn = sqlite3.connect('firstDB.db')
print ('打开数据库');

#删除数据
```

```
conn.execute("DELETE FROM teacher WHERE TC_ID=202150001")
conn.commit()
#执行修改 SQL 指令

#打印删除后的表
print('删除记录以后的数据表：')
#遍历数据表，把每笔数据打印出来
cursor = conn.execute("SELECT TC_ID, TC_NAME, AGE, COURSE FROM student")
for row in cursor:
    print ("TC_ID = ", row[0])
    print ("TC_NAME = ", row[1])
    print ("AGE = ", row[2])
    print ("COURSE = ", row[3], "\n")

print ('打印完毕')

conn.close()
#每次要记得将数据库关闭
```

以上程序运行结果为：

```
打开数据库
删除记录以后的数据表：
TC_ID= 202150002
TC_NAME =  柳大想
AGE = 38
COURSE = A1346

TC_ID = 202150003
TC_NAME =  刘中东
AGE = 39
COURSE = A1338

TC_ID = 202150004
TC_NAME =  马阿宝
AGE = 49
COURSE = A1455

打印完毕
```

9.3 DB Browser for SQLite 可视化管理工具

SQLite 模块虽然自带于 Python 之中且功能强大，但实际上使用起来并没有那么方便，每次创建、修改或是删除数据表或记录之后，都需要使用 SQL 指令配合 Python 代码来进行数据表遍历，确认修改后的结果是否正确。当数据表复杂或是数据记录庞大时，这样的做法就会变得非常不实际，本节将介绍一个免费且功能强大的可视化工具 DB Browser for SQLite，可以直接使用图形用户界面（Graphic User Interface，GUI）来进行数据库管理，实用而高效。

9.3.1　DB Browser for SQLite 的下载与安装

DB Browser for SQLite 是一个开源的工具，可免费下载使用，图形用户界面使用起来非常方便，其官网的地址为 https://sqlitebrowser.org/。

在官网上可以找到可视化工具的沿革、版本历史、下载链接等，官网页面如图 9-2 所示。

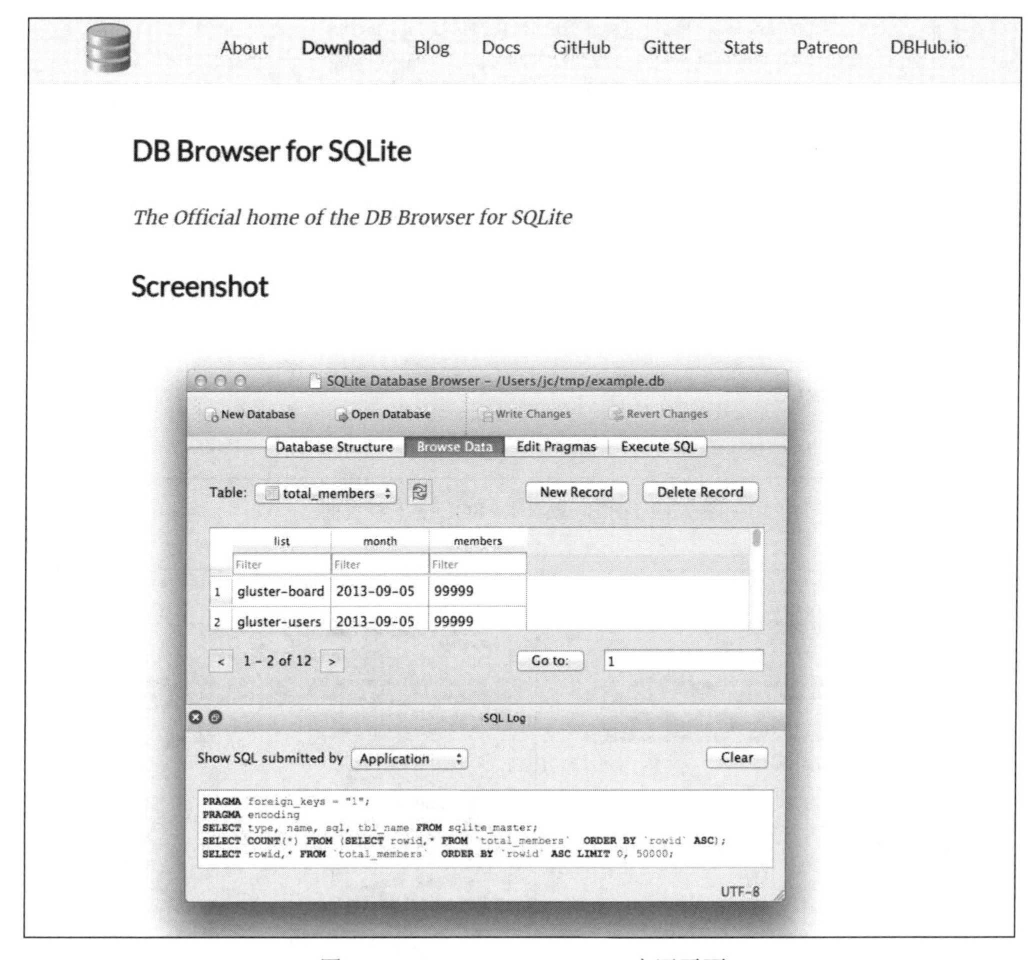

图 9-2　DB Browser for SQLite 官网页面

进入下载页面可以看到，DB Browser for SQLite 支持多种主流作业系统，如图 9-3 所示，使用者根据自己的作业系统版本进行下载即可，其中 Windows 版本分为标准安装版和可携版（PortableApp），本节将以可携版进行示范。

可携版下载后是一应用程序（EXE），双击运行后会弹出设定界面，其实只是一个解压缩的过程，并不会真的进行安装，使用者只需要在第一个界面（图 9-4）单击 Next 按钮，在第二个界面（图 9-5）的路径栏中指定要解压缩的目标文件夹即可。

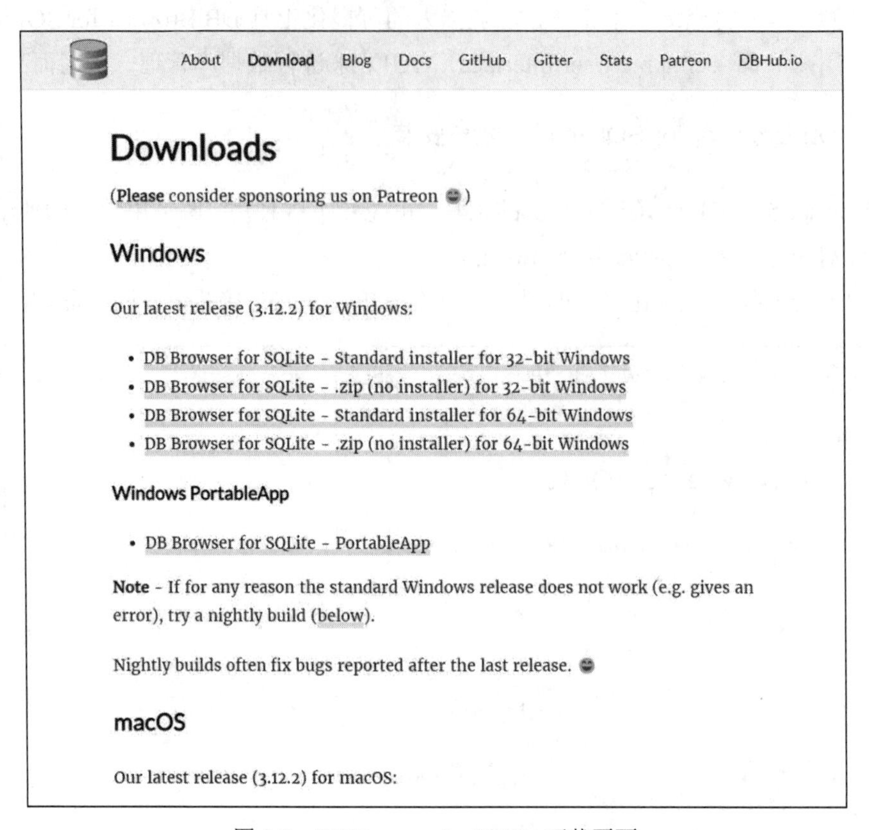

图 9-3　DB Browser for SQLite 下载页面

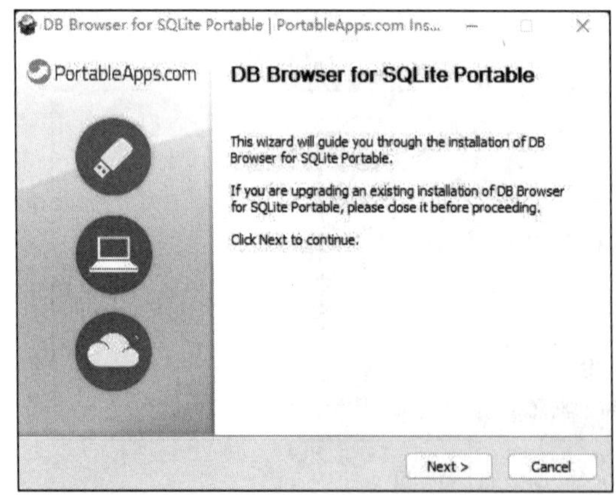

图 9-4　DB Browser for SQLite 可携版的安装界面

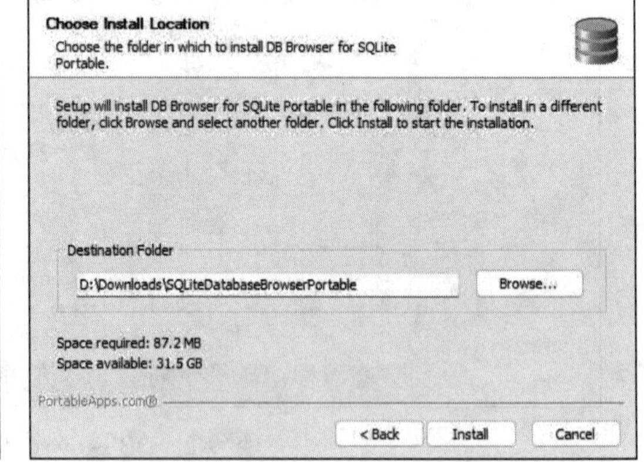

图 9-5　指定解压缩的目标文件夹

解压缩完成后，如图 9-6 所示，勾选 Run DB Browser for SQLite Portable 复选框，并单击 Finish 按钮，就会自动运行了。

打开软件运行会发现，虽然先前安装过程都是英语界面，但实际运行是支持中文的，这对使用者来说又更便利了。DB Browser for SQLite 初始界面如图 9-7 所示。

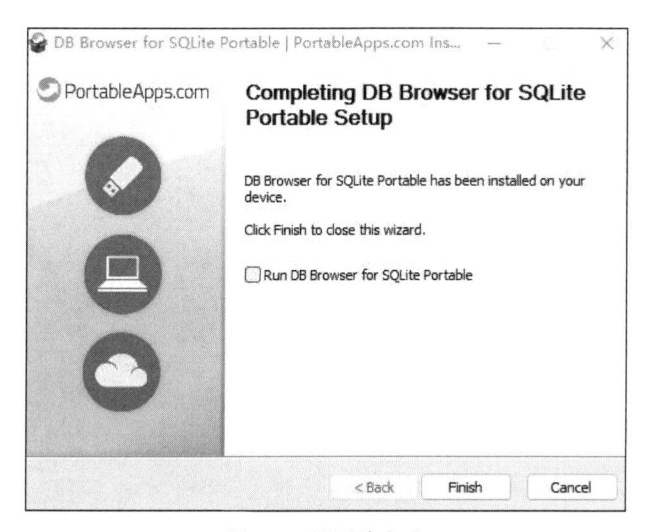

图 9-6　解压缩完成

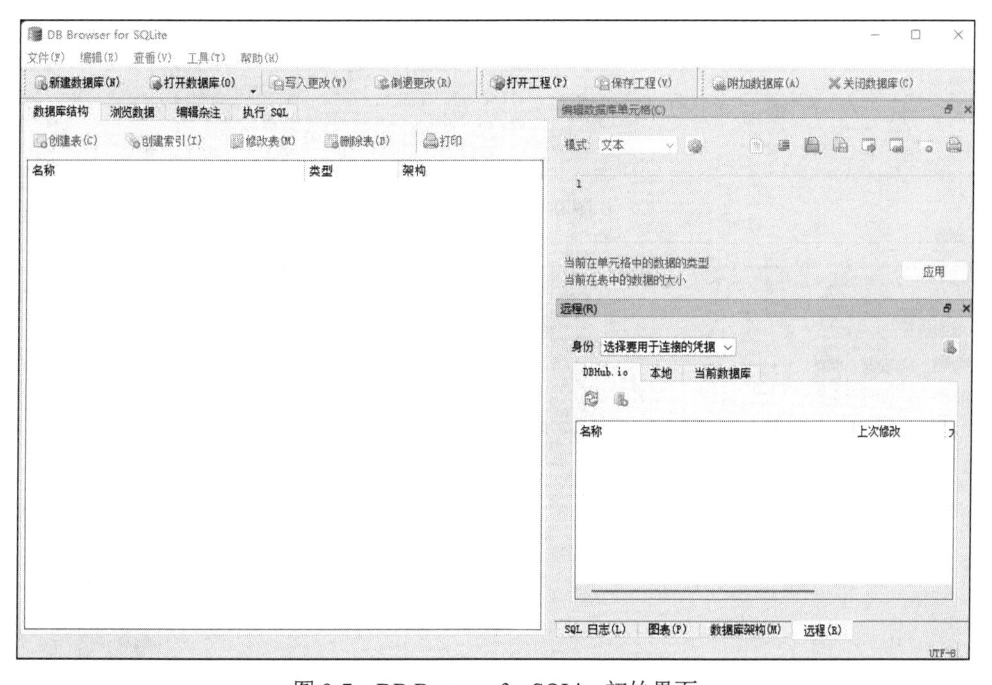

图 9-7　DB Browser for SQLite 初始界面

9.3.2　使用 DB Browser for SQLite 创建数据库

DB Browser for SQLite 是全图形化的工具，使用起来相当便利，创建数据库只需要单击“新建数据库（N）”，并指定数据库存放的路径与名称即可，下面使用与 9.2 节范例相同的数据库名称 firstDB.db 进行示范，如图 9-8 所示。

新建数据库之后，马上会弹出建立数据表的界面，如图 9-9 所示，与 9.2 节范例相同，下面建立一个名为 teacher 的数据表。命名数据表的同时，可以看到窗口的下面会同步自动完成 SQL 指令。

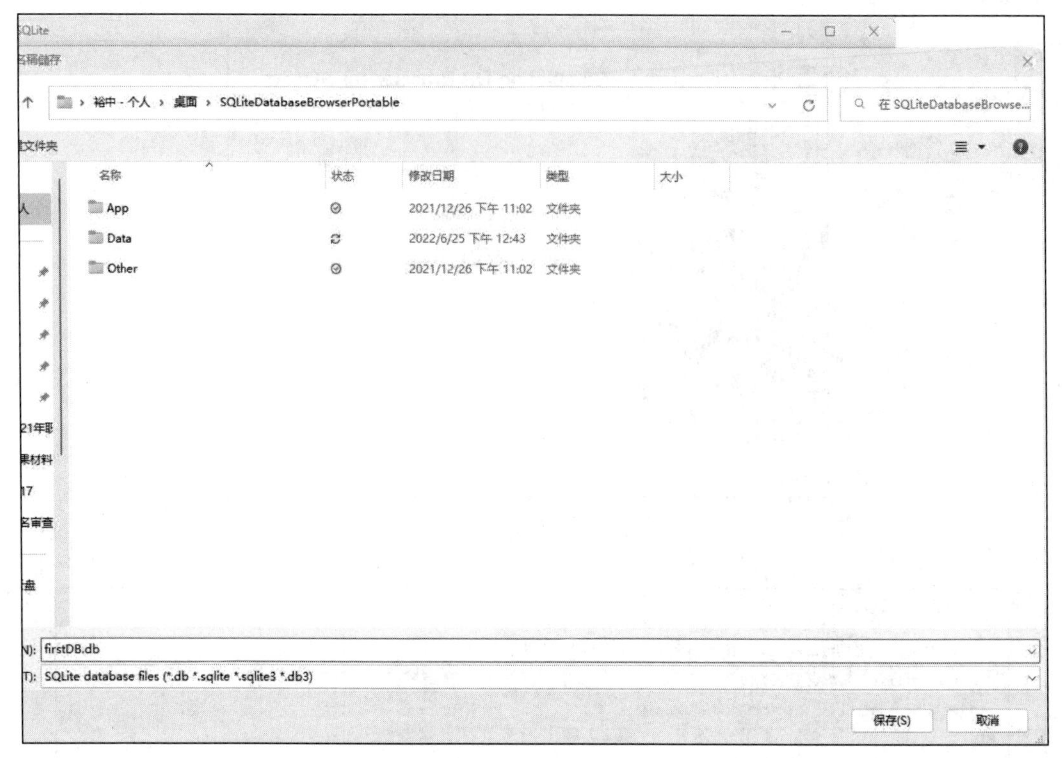

图 9-8　新建数据库

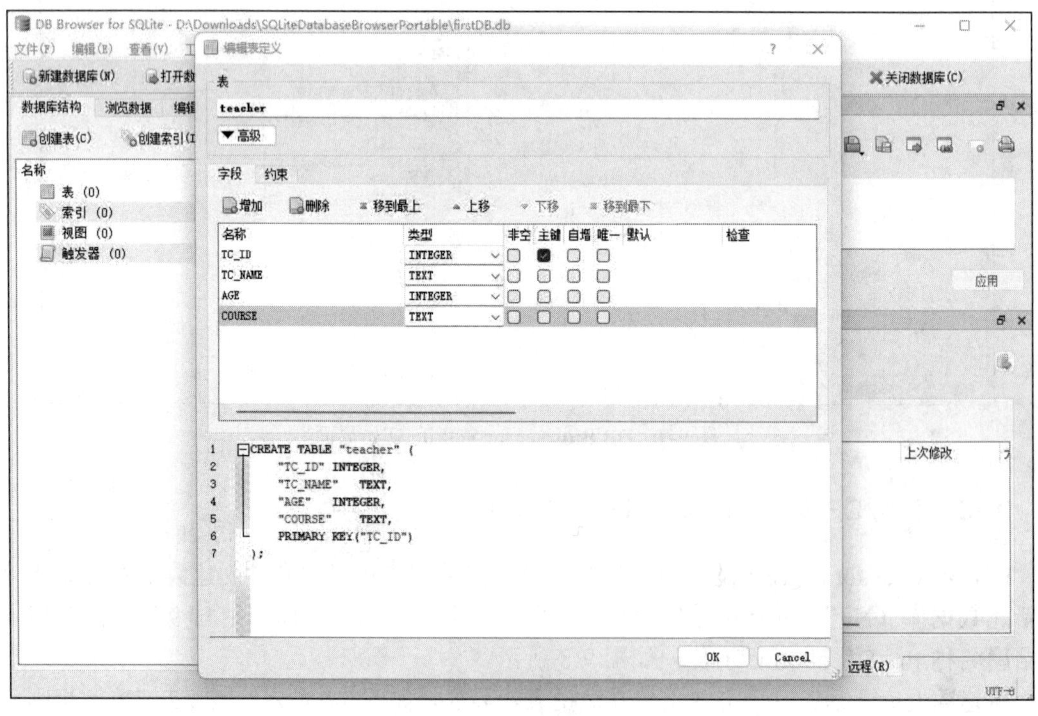

图 9-9　新建数据表

teacher 数据表共有四个栏位，分别是 TC_ID、TC_NAME、AGE 和 COURSE，可在字段的分页上一个一个新增，并选择对应的数据类型。其中要注意，第一个 TC_ID 工号栏位是数据表的主键，因此要将主键的选项进行勾选。此时可以看到，下方窗口的 SQL 指令也一一被自动完成了。

当所有内容输入完成，并确认无误之后，单击 OK 按钮进行数据表的创建。

在图 9-10 中可以看到 teacher 数据表成功被创建，包含四个栏位，并可以直接通过图形用户界面对数据表进行操作，包括创建表、创建索引、修改表、删除表等。

图 9-10　数据表的操作

9.3.3　使用 DB Browser for SQLite 进行数据表操作

有了便利的图形用户界面，就可以很直观地操作数据库，而不需要再通过 Python 代码，或是在代码中操作了数据库以后，以图形化的界面检测运行结果。在图 9-10 中切换到“浏览数据”界面，可以看到数据表的全貌，如图 9-11 所示。

单击带有+号的图标，可以直接插入记录，如同代码中 INSERT INTO 的效果，并可以直接在各栏位中直接填入相应的内容，如图 9-12 所示。可以依次将 9.2 节范例中的内容直接填入，也可以直接在各栏位中进行修改，或是单击带有－号的图标删除记录等，对应 Python 代码中的 UPDATE、DELETE 等指令，但在操作上更为直观。

注意，任何操作完成，都必须单击“写入更改”按钮，才会对数据库产生效果，如同 9.2 节范例代码中的 conn.commit 指令的效果。

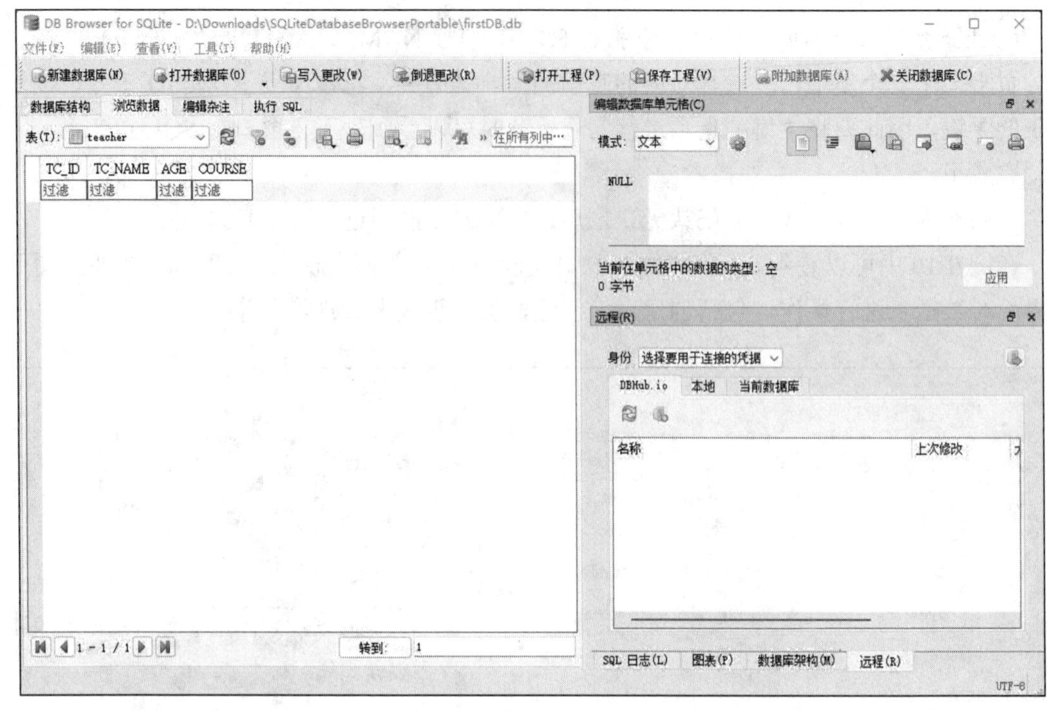

图 9-11 浏览数据

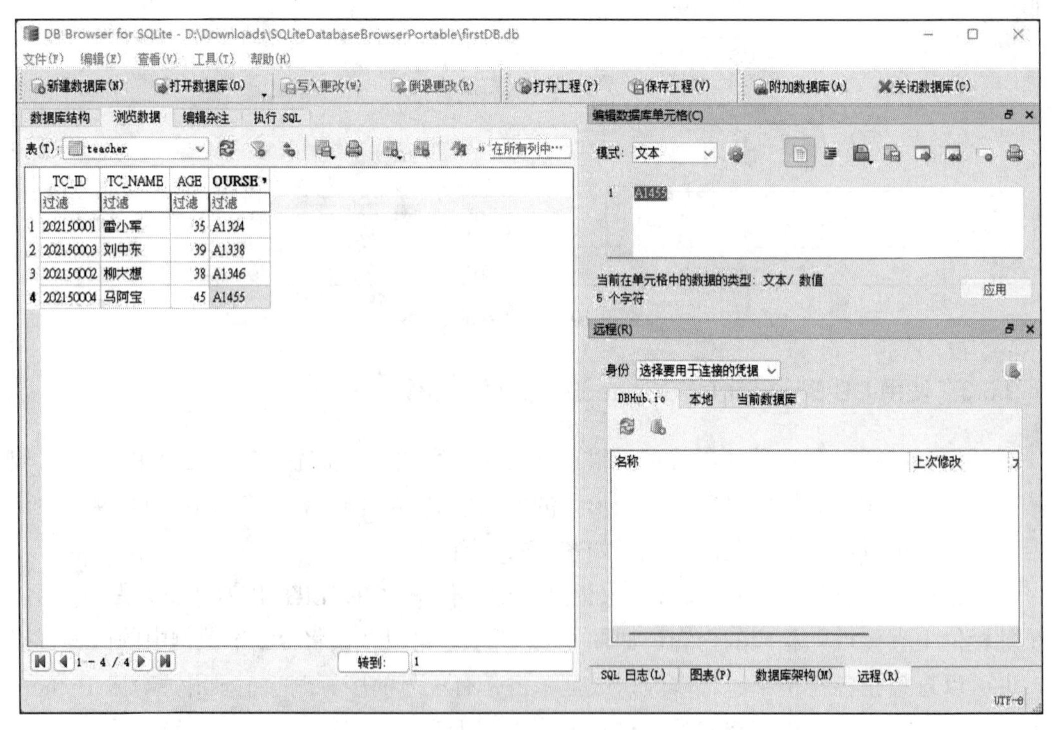

图 9-12 直接操作数据表记录

习题 9

一、选择题

1．SQLite 是嵌入式关系数据库管理系统。它的数据库就是一个（　　）。
　A．集合　　B．文件　　C．系统　　D．磁盘

2．创建好数据库之后，可以使用（　　）语句来为数据库创建表。
　A．create　　B．execute　　C．do　　D．select

3．关系型数据库模型是把复杂的数据结构归结为简单的（　　）。
　A．二元关系　　B．线性关系　　C．树形结构　　D．网状关系

二、填空题

1．在 SQLite 中使用__________语句来查询并修改表中已有的数据。

2．__________是在 Python 3.x 版本中用于连接 MySQL 服务器的一个库。

3．数据库通常分为__________数据库、__________数据库和__________数据库三种。

4．__________是内嵌在 Python 中的轻量级、基于磁盘文件的数据库管理系统，不需要服务器进程，支持使用语句来访问数据库。

5．__________是在 Python 3.x 版本中用于连接 MySQL 服务器的一个库。

三、简答题

1．SQLite 数据库的特点有哪些？

2．简述安装 PyMySQL 模块的步骤。

第 10 章　网络爬虫

网络爬虫被用于许多领域，无论是对于正在撰写新报道的记者，还是对于正在提取新数据集的数据科学家，抑或是程序开发人员，网络爬虫都是非常有用的工具。

本章学习重点：

- 网络爬虫简介
- 简易爬虫撰写
- 将爬取的数据存入数据库
- 使用浏览器标头

10.1　网络爬虫简介

假设我有一个淘宝店，想要及时了解竞争对手的价格。我可以每天访问他们的网站，与我店铺中产品的价格进行对比。但是，如果我店铺中的产品种类繁多，或是希望能够更加频繁地查看价格变化，就需要花费大量的时间，甚至难以实现。

网络爬虫也叫作网络机器人，可以代替人自动地在互联网中进行数据信息的采集与整理。在大数据时代，信息的采集是一项重要的工作，如果单纯靠人力进行信息采集，不仅低效烦琐，搜集的成本也会提高。此时，我们可以使用网络爬虫对数据信息进行自动采集，比如应用于搜索引擎中对站点进行爬取收录，应用于数据分析与挖掘中对数据进行采集，应用于金融分析中对金融数据进行采集，除此之外，还可以将网络爬虫应用于舆情监测与分析、目标客户数据的收集等各个领域。

互联网中的数据是海量的，如何自动高效地获取互联网中我们感兴趣的信息并为我们所用是一个重要的问题，而爬虫技术就是为了解决这些问题而生的。我们感兴趣的信息分为不同的类型：如果只是做搜索引擎，那么感兴趣的信息就是互联网中尽可能多的高质量网页；如果要获取某一垂直领域的数据或者有明确的检索需求，那么感兴趣的信息就是根据我们的检索和需求所定位的这些信息，此时，需要过滤掉一些无用信息。

爬虫可以用来收集数据。这也是爬虫最直接、最常用的使用方法。由于爬虫是一种程序，程序的运行速度极快，而且不会因为做重复的事情就感觉到疲劳，因此使用爬虫来获取大量的数据，就变得极其简单和快捷了。由于现在 99%以上的网站都是基于模板开发的，使用模板可以快速生成相同版式、不同内容的大量页面。因此，只要针对一个页面开发出了爬虫，那么这个爬虫也能爬取基于同一个模板生成的不同页面。刷流量是爬虫天然自带的功能。当爬虫访问了一个网站时，如果这个爬虫隐藏得很好，网站不能识别这一次访问来自爬虫，那么就会把它当成正常访问。于是，爬虫就“不小心”地刷了网站的访问量。

大量企业和个人开始使用网络爬虫采集互联网的公开数据。那么对于企业而言，互联网上的公开数据能够带来什么好处呢？这里将用国内某家知名家电品牌举例说明。作为一个家电品牌，电商市场的重要性日益凸显。该品牌需要及时了解对手的产品特点、价格以及销量情况，才能及时跟进产品开发进度和营销策略，从而知己知彼，赢得竞争。过去，为了获取对手产品的特点，产品研发部门会手动访问一个个电商产品页面，人工复制并粘贴到 Excel 表格中，制作竞品分析报告。但是这种重复性的手动工作不仅浪费宝贵的时间，一不留神复制少了一个数字还会导致数据错误；此外，竞争对手的销量则是由某一家咨询公司提供报告，每周一次，但是报告缺乏实时性，难以针对快速多变的市场及时调整价格和营销策略。

网络爬虫的开发主要可以分为三部分：获取网页→解析网页（提取数据）→存储数据。获取网页就是给一个网址发送请求，该网址会返回整个网页的数据。类似于在浏览器中键入网址并按回车键，然后可以看到网站的整个页面。解析网页就是从整个网页的数据中提取想要的数据。类似于你在页面中想找到产品的价格，价格就是你要提取的数据。存储数据也很容易理解，就是把数据存储下来。我们可以存储在本地文档中，也可以存储在数据库中。

10.2　获取网页

10.2.1　获取网页内容

Python 有一个强大的 Requests，是目前最普遍的用来进行网页获取的库，可以让使用者模拟浏览器来进行 HTTP 的请求发送，这个库功能完善，而且操作非常简单。Requests 库能通过 Python 自带的 pip 安装。打开 Windows 的 cmd 或 Mac 的终端，键入：

```
pip install requests
```

【例 10-1】安装完成后就能在 Python 中引入并使用 requests 功能，撰写第一个网页获取代码，来获取豆瓣电影 Top 250 的网页内容。实例代码如下：

```
import requests
r = requests.get('https://movie.douban.com/top250')
print ("网页编码：", r.encoding)
#r.encoding 是获取的网页内容使用的文本编码
print ("获取状态码：", r.status_code)
#r.status_code 是网页获取的状态码，如果返回 200，就表示请求成功
print ("获取的内容：", r.text)
#r.text 是获取的内容，会自动根据响应编码进行解码
```

以上程序运行结果为：

```
网页编码：
获取状态码：418
获取的内容：
```

可以看到运行结果并未如预期，网页编码跟获取的内容都是空白，而状态码显示了 418，正常获取成功的状态码为 200，4 开头的状态码表示客户端错误，5 开头的状态码则表示是服务器端的错误，很显然这次的获取并没有成功。这是因为，利用 Requests 库获取网页数据，对于网页服务器端来说，缺少了太多相关信息，以致服务器甚至无法分辨这是正常的网页获取还是恶意攻击，因此我们需要加上一个 header 来模拟浏览器，让服务器知道我们是正常地获取网页而非恶意。

header 是指浏览器在向服务器请求网页内容时，所提供的相关作业系统和浏览器的信息，又

称为标头。如何获得这个内容呢？首先用浏览器打开豆瓣前 250 电影排名的网页（https://movie.douban.com/top250），并在浏览器的设定选项中找到“开发人员工具”，如图 10-1 所示。

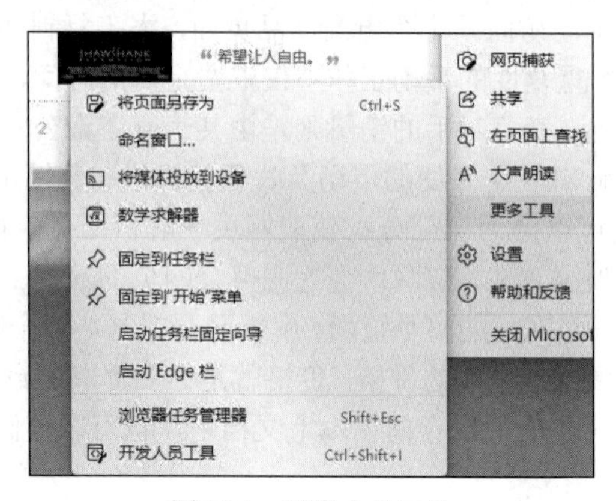

图 10-1　开发人员工具

此时会看到浏览器多出了一个分割窗口，里面有很多密密麻麻的代码等信息，这是一个程序开发人员经常使用的工具，在最上面一排的分页中找到“网络”选项，如果是英语版，则显示为 Network，在此分页中会看到本网页所有元素的信息，如图 10-2 所示，如果内容是空的，刷新网页即可。单击列表中任意一个元素，就会出现标头分页。这个分页中所包含的信息通常很多，一般来说我们只需要 User-Agent 这一项，用来向网页服务器表示我们所使用的浏览器种类。在标头的分页中找到 User-Agent 内容，将冒号后面全部的内容完整复制，留做准备，如图 10-3 所示。

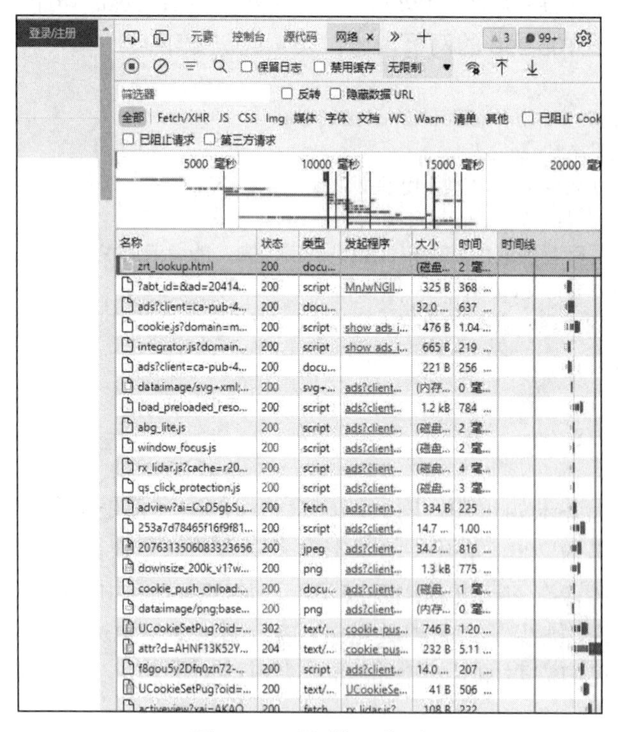

图 10-2　“网络”分页

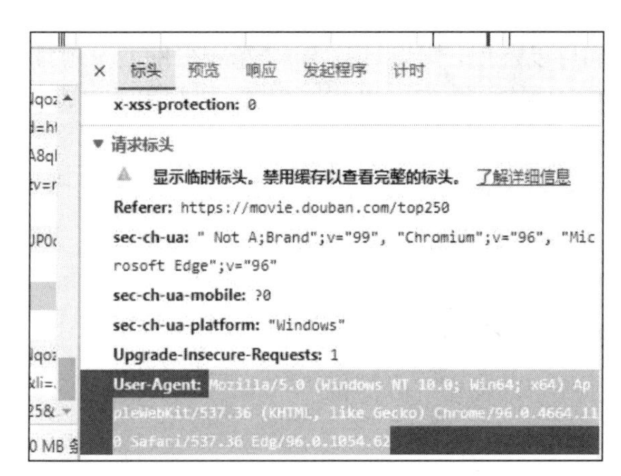

图 10-3　User-Agent 完整内容

【例 10-2】 再次尝试排取豆瓣电影 Top 250 的网页内容，这次加入了标头的内容，并且把各项参数内容采用变量的形态。实例代码如下：

```
import requests
#引入 requests 模块

#设置各个变量
url = 'https://movie.douban.com/top250'
headers = {'User-Agent': 'Mozilla/5.0 (Windows NT 10.0; Win64; x64; rv:70.0) Gecko/20100101 Firefox/70.0'}
#注意，headers 变量是字典格式的

#爬取豆瓣电影 Top250 的网页内容
r = requests.get(url=url, headers=headers)
print ("文本编码：", r.encoding)
print ("响应状态码：", r.status_code)
print ("字符串方式的响应体：", r.text)
```

以上程序运行结果为：

```
文本编码：utf-8
响应状态码：200
字符串方式的响应体：（大量的 HTML 内容，为节省篇幅，此处不列出）
```

从运行结果的状态码可以发现，这次成功地获取了豆瓣电影 Top 250 的内容，爬回了大量的 HTML 内容。此时从浏览器回头观察豆瓣电影 Top 250 的网页结构，会发现第一页只有前 25 名的电影内容，共分成了 10 页，可以很直观地联想到，平均每一页包含了 25 部电影的信息，接下来将进一步带领读者自动化地将内容全部获取回来。

10.2.2　连续获取网页内容

点击豆瓣电影 Top 250 网页第二页的链接，在浏览器的地址栏发现网页地址如下：

https://movie.douban.com/top250?start=25&filter=

点击豆瓣电影 Top 250 网页第三页的链接，在浏览器的地址栏发现网页地址如下：

https://movie.douban.com/top250?start=50&filter=

从这样的规律中我们可以发现，假设页数为 n，每一页的网页地址后面跟着的 start 参数值就会是$(n-1)\times25$，有了这样的规律，我们可以利用规律，即利用 for 循环来逐次将 10 页共计 250 部电影的信息全部获取回来。

【例 10-3】利用 for 循环，获取豆瓣电影 Top 250 每一页的内容。实例代码如下：

```
import requests

url = 'https://movie.douban.com/top250'
headers = {'User-Agent':'Mozilla/5.0 (Windows NT 10.0; Win64; x64; rv:70.0) Gecko/20100101 Firefox/70.0'}

#利用 for 循环来获取每一页的内容
for i in range(0,10):
    #利用字符串组合来合成每一页的网页地址
    link = url + '?start=' + str(i*25)
    r = requests.get(url=link, headers = headers)
    #将每一页的获取状态码打印出来检查
    print('第', str(i+1), '页的网页获取状态码：', r.status_code)
```

以上程序运行结果为：

```
第 1 页的网页获取状态码：200
第 2 页的网页获取状态码：200
第 3 页的网页获取状态码：200
第 4 页的网页获取状态码：200
第 5 页的网页获取状态码：200
第 6 页的网页获取状态码：200
第 7 页的网页获取状态码：200
第 8 页的网页获取状态码：200
第 9 页的网页获取状态码：200
第 10 页的网页获取状态码：200
```

到此为止，我们已经成功地将豆瓣电影 Top 250 所有的网页内容都成功获取了，下一节将示范如何过滤内容找到我们所需要的内容。

10.3 过滤内容

10.3.1 认识网页 HTML 结构

平时我们所看到的网页内容，是通过浏览器解读渲染后所呈现的画面，原始的网页内容是一连串平时我们所看到的网页内容，是通过浏览器解读渲染后所呈现的画面，原始的网页内容是一连串复杂的 HTML。而我们到目前为止，所爬取到的内容，就是无法直接以肉眼解读的 HTML 代码，因此我们需要自行来过滤这些内容。

我们先确定任务，假设我们要将 250 部电影的中文标题名过滤出来。让我们再次回到浏览器打开豆瓣，并检查网页的源代码。如图 10-4 所示，可以看到在豆瓣电影 Top 250 的网页 HTML 结构中，每一部电影的中文标题名都被放在一个 class 为 hd 的 div 物件容器下面一层的链接 a 标签中，并被放在再下一层 class 为 title 的 span 物件容器中。有了这样的线索，下一步我们就要通过这样的规则来过滤出我们要的内容。

```
<div class="hd">
    <a href="https://movie.douban.com/subject/1292052/" class="">
        <span class="title">肖申克的救赎</span>
                <span class="title"> / The Shawshank Redemption</span>
            <span class="other"> / 月黑高飞(港)  /  刺激1995(台)</span>
    </a>
```

图 10-4　网页的 HTML 结构

10.3.2　Beautiful Soup 模块

Beautiful Soup 是一个可以从 HTML 或 XML 文件中提取数据的 Python 库，简单来说，它能将 HTML 的标签文件解析成树形结构，然后方便地获取到指定标签的对应属性，最主要的功能是用来处理导航、搜索、修改分析树等，通过解析文档为用户提供需要抓取的数据，因为简单，所以不需要多少代码就可以写出一个完整的应用程序。Beautiful Soup 目前最新的版本是第 4 版，安装方式为打开 Windows 的 cmd 或 Mac 的终端，键入：

```
pip install beautifulsoup4
```

除了 Beautiful Soup 模块以外，我们还需要安装一个 HTML 的解析器，Python 中有非常多第三方的 HTML 解析器，这边我们选择最常被使用的 lxml，安装方式为打开 Windows 的 cmd 或 Mac 的终端，键入：

```
pip install lxml
```

通过 Beautiful Soup 库，我们可以将指定的 class 或 id 值作为参数，来直接获取到对应标签的相关数据。回想一下，10.3.1 小节中我们才归纳出了所有电影的中文标题名都是放在 class 为 hd 的 div 容器下层的链接 a 标签下层的 class 为 title 的 span 容器中。Beautiful Soup 提供了非常多实用的函数让我们可以用来过滤获取的网页内容，下面介绍最常使用的 find_all()函数。相信从字义上，读者就能一目了然地看出来，这是个用来“搜索全部”的函数。的确，find_all()函数就是让我们来一口气搜索所有符合我们所设置条件的对象，用法如例 10-4 所示。

【例 10-4】利用 Beautiful Soup 来过滤所获取的内容。实例代码如下：

```
import requests
from bs4 import BeautifulSoup
#引入 BeautifulSoup 模块

url = 'https://movie.douban.com/top250'
headers = {'User-Agent':'Mozilla/5.0 (Windows NT 10.0; Win64; x64; rv:70.0) Gecko/20100101 Firefox/70.0'}

#准备一个空的列表
movie_list = []
r = requests.get(url=url, headers=headers)

#将获取的内容交给 Beautiful Soup，并以 lxml 进行解析
soup = BeautifulSoup(r.text, 'lxml')

#先找出所有 class 为 hd 的 div 容器
```

```
div_list = soup.find_all('div', class_ = 'hd')

#遍历所有的 div 容器，并将我们要的中文标题名粹取出来
for each in div_list:
    movie = each.a.span.text.strip()
    #div 容器下层的链接 a 标签下层的 span 容器
    #取得 span 容器里的文本内容 text，并利用 strip 函数去除所有的空格
    movie_list.append(movie)
    #将文本存放到准备好的空白列表中

print(movie_list)
```

以上程序运行结果为：

['肖申克的救赎', '霸王别姬', '阿甘正传', '这个杀手不太冷', '泰坦尼克号', '美丽人生', '千与千寻', '辛德勒的名单', '盗梦空间', '忠犬八公的故事', '楚门的世界', '星际穿越', '海上钢琴师', '三傻大闹宝莱坞', '机器人总动员', '放牛班的春天', '无间道', '大话西游之大圣娶亲', '疯狂动物城', '熔炉', '教父', '当幸福来敲门', '龙猫', '控方证人', '怦然心动']

可以看到，我们成功地将豆瓣电影 Top 250 第一页，第 1 到 25 名的电影的中文标题给过滤出来了，并放到一个列表中。接下来我们再进阶一点，将前面所学的连续获取跟内容过滤相结合，将 250 部电影的中文标题全部都粹取出来，代码实例如 10-5 所示。

【例 10-5】将 250 部电影的中文标题全部粹取出来。实例代码如下：

```
import requests
from bs4 import BeautifulSoup

url = 'https://movie.douban.com/top250'
headers = {'User-Agent':'Mozilla/5.0 (Windows NT 10.0; Win64; x64; rv:70.0) Gecko/20100101 Firefox/70.0'}

movie_list = []

for i in range(0,10):
    link = url + '?start=' + str(i*25)
    r = requests.get(url = link, headers = headers)
    print(str(i+1), '获取状态码：', r.status_code)

    soup = BeautifulSoup(r.text, 'lxml')
    div_list = soup.find_all('div', class_ = 'hd')
    for each in div_list:
        movie = each.a.span.text.strip()
        movie_list.append(movie)

print(movie_list)
```

运行结果是先打印出 10 页内容获取码的状态，接着再直接将存放了 250 部电影中文标题名的列表内容打印出来。到此为止，我们已经成功地将豆瓣电影 Top 250 所有的电影中文标题

名都粹取出来，并且存放到一个列表中，供后期来应用了，下一节将介绍如何将这些内容存入数据库中。

10.4　将获取的内容存入数据库

通过 requests 模块的获取和 BeautifulSoup 模块的过滤，我们已经将庞大而复杂的 HTML 内容浓缩简化到 250 个标题，并且按照排名顺序存放在一个列表结构中，接下来我们会引导读者将这 250 个标题存放到数据库中。

【例 10-6】 将 250 部电影的中文标题存入数据库。实例代码如下：

```
import sqlite3
import requests
from bs4 import BeautifulSoup

url = 'https://movie.douban.com/top250'
headers = {'User-Agent':'Mozilla/5.0 (Windows NT 10.0; Win64; x64; rv:70.0) Gecko/20100101 Firefox/70.0'}

movie_list = []
for i in range(0,10):
        link = url + '?start=' + str(i*25)
        r = requests.get(url = link, headers = headers)
        if r.status_code == 200:
            print('第',str(i+1),'页爬取完成')
        soup = BeautifulSoup(r.text, 'lxml')
        div_list = soup.find_all('div', class_ = 'hd')
        for each in div_list:
            movie = each.a.span.text.strip()
            movie_list.append(movie)

conn = sqlite3.connect('douban_movies_250.db')
cursor = conn.cursor()

#创建数据表 Top_250
conn.execute('''CREATE TABLE IF NOT EXISTS Top_250 (ID INTEGER PRIMARY KEY
AUTOINCREMENT, name TEXT NOT NULL);''')
conn.commit()

print ('数据表创建成功')

for movie in movie_list:
    cursor.execute('INSERT INTO Top_250 (name) VALUES (?)',(movie,))
    print('将',movie,'写入数据库')
```

```
        conn.commit()
        cursor.close()
        conn.close()
```

以上程序运行后，可以使用 DB Browser 开启所创建的数据库 douban_top_250.db，发现 250 部电影的中文标题名按照顺序被写入了数据库，如图 10-5 所示。

图 10-5　数据库内容

习题 10

一、填空题

1．在 Python 中普遍使用__________模块来获取网页内容。

2．多数的网页会拒绝缺少___________参数的 requests.get()函数的获取要求。

3．正常获取网页内容的状态码是__________。

4．在 Python 中普遍使用__________模块来进行网页内容的过滤。

5．在过滤网页内容时，最常使用__________模块来解析 HTML。

二、选择题

1．BeautifulSoup 是目前最常用来过滤粹取网页内容的模块，其中用来搜索符合条件的全部元素的函数为（　　）。

A．find()　　　　B．find_all()

C．next_sibling()　　　　D．previous_sibling()

2．使用非 Python 自带的模块或库时，需要先进行安装，安装的指令为（　　）。

A．sudo　　B．create　　C．make　　D．pip

3．下列（　　）标头信息是获取网页内容时必备的。

A．host　　B．connection　　C．User-Agent　　D．cookies

三、简答题

1．简述为何需要在获取网页内容时加入 headers 参数。

2．简述如何搜寻获取网页内容中的所有 DIV 容器。

参考文献

[1] PAYNE J．Python 编程入门经典[M]．张春晖，译．北京：清华大学出版社，2011．
[2] 张若愚．Python 科学计算[M]．北京：清华大学出版社，2012．
[3] HETLAND M．Python 基础教程[M]．3 版．袁国忠，译．北京：人民邮电出版社，2018．
[4] HELLMANN D．Python 标准库[M]．刘炽，译．北京：机械工业出版社，2012．
[5] 明日科技，王国辉，陈佩峰．Python 从入门到实践[M]．吉林：吉林大学出版社，2020．
[6] 郑阿奇．Python 实用教程[M]．北京：电子工业出版社，2019．
[7] 杨年华，柳青，郑戟明．Python 程序设计教程[M]．2 版．北京：清华大学出版社，2019．
[8] 董付国．Python 程序设计基础与应[M]．北京：机械工业出版社，2018．

附录　习题参考答案

第 1 章　习题参考答案

一、选择题

1. A　　2. B　　3. C　　4. C

二、简答题

1．简述 Python 语言的特点。

（1）简单易学：Python 是一种代表极简主义思想的编程语言，阅读一个完美的 Python 程序时就像在阅读英语一样。Python 最大的优势在于其伪代码的本质，在开发的时候关键以解决问题为主，并不需要明白语言本身。

（2）面向对象：Python 既是面向对象的编程，又是高级语言。与其他主要语言如 C++和 Java 相比，Python 以一种非常强大并且简单的方式来实现面向对象的编程。

（3）可移植性：由于 Python 具有开源本质，因此可以被移植到许多的平台上。例如 Windows、UNIX、Macintosh、Solaris、OS/2、Amiga、AROS、AS/400 等，Python 都可以很好地运行在其中。

（4）解释性：Python 语言编写的程序不需要编译成二进制的代码，可以直接运行源代码。在计算机内部，Python 解释器将源代码转换成字节码（Byte Code）的中间形式，可以直接翻译运行。

（5）开源：Python 语言是开源的。学习和使用 Python 不再是孤军奋战，你可以自由发布这个软件的拷贝，阅读源代码，对它进行改动，用于新的自由软件之中。

（6）高级语言：Python 更是一门高级编程语言，在使用 Python 编写程序的时候，不需考虑如何管理程序内存这一类的细节问题。

（7）可扩展性：如果想要更快地运行一段关键代码，或者希望某些算法不公开，可以部分程序选择用 C 语言进行编写，然后在 Python 程序中使用。

（8）丰富的库：Python 具有非常强大的标准库，可以协助处理各种工作。其中正则表达式、GUI、文档生成、单元测试、多线程、数据库、网页浏览器、CGl、FTP、电子邮件等，这些功能都能自动使用，所以 Python 语言功能十分强大。

（9）规范代码：在使用 Python 书写代码的时候采用自动强制缩进的方式，从而让代码具有非常好的可读性。

2．Python 常用的编程环境有哪些？

PyCharm 集成开发环境：PyCharm 是较好的一个（也是一个）专门面向于 Python 的全功能集成开发环境。同样拥有付费版（专业版）和免费开源版（社区版），PyCharm 不论是在 Windows、Mac OS X 系统中，还是在 Linux 系统中都支持快速安装和使用。

Sublime Text 代码编辑器：Sublime Text 是一款非常流行的代码编辑器，支持 Python 代码编辑同时兼容所有平台，并且丰富的插件扩展了语法和编辑功能，其迅捷小巧且具有良好的兼容性。

能供 Python 开发的集成开发环境和代码编码器很多，以上是比较常用的两种，能够快捷进行 Python 开发，除此之外，还有一些其他的集成开发环境和代码编辑器也不错，如 Spyder 集成开发环境、Thonny 集成开发环境、VIM 代码编辑器以及 Atom 编辑器等，感兴趣的可以了解一下，以便选择适合自己的开发工具。

第 2 章　习题参考答案

一、选择题

1．A　2．C　3．A　4．C　5．C　6．B
7．B　8．D　9．D　10．B　11．B

二、简答题

1．简述标识符的作用和命名规则。

通俗地讲，标识符就是一个名字、变量、函数、类、模块以及其他对象的名称。Python 标识符命名规则如下：

（1）第一个字符不能是数字，必须是字母表中字母或下划线。

（2）标识符由字母、数字和下划线组成。

（3）标识符对大小写敏感。

（4）标识符不能包含空格、@、%以及$等特殊字符。

2．简述解释器的作用和组成。

Python 是解释型语言，计算机在执行 Python 语言时，需要将 Python 语言（通俗地理解为.py 文件）翻译成计算机 CPU 能听懂且能执行的机器语言。Python 解释器本身就是一个程序。解释器由一个编译器和一个虚拟机构成，编译器负责将源代码转换成字节码文件，而虚拟机负责执行字节码。

所谓解释型语言其实也有编译过程，只不过这个编译过程并不是直接生成目标代码，而是中间代码（字节码），然后再通过虚拟机来逐行解释执行字节码，因此具有效率低、非独立性（依赖解释器）、跨平台性好的特点。

3．简述 Python 数字类型及特点。

Python 支持三种不同的数字类型：整型、浮点型和复数，其中：

（1）整型（int）：通常被称为整型或整数，是不带小数点的正或负整数。Python 3 整型是没有限制大小的，可以当作 long 类型使用，所以 Python 3 没有 Python 2 的 long 类型。在日常生活中，整型经常用于计数，如商品的数量。需要注意的是，Python 3 可以使用十六进制和八进制来代表整数。

（2）浮点型（float）：浮点型由整数部分与小数部分组成，浮点型也可以使用科学计数法表示（$2.5e2 = 2.5\times10^2 = 250$）。

（3）复数（complex）：复数由实数部分和虚数部分构成，可以用 a + bj 或者 complex(a,b)表示，复数的实部 a 和虚部 b 都是浮点型。

4．简述 Python 运算符类型及各运算符的作用。

Python 语言支持以下类型的运算符：算术运算符、比较（关系）运算符、赋值运算符、逻辑运算符、位运算符、成员运算符、身份运算符。各运算符主要作用是对数据进行加工。

5．简述 Python 运算符优先级。

1	Lambda　#运算优先级最低
2	逻辑运算符：or
3	逻辑运算符：and
4	逻辑运算符：not
5	成员测试：in、not in
6	同一性测试：is、is not
7	比较：<、<=、>、>=、!=、==
8	按位或：|
9	按位异或：^
10	按位与：&
11	移位：<<、>>
12	加法与减法：+、-
13	乘法、除法与取余：*、/、%
14	正负号：+x、-x

第3章　习题参考答案

一、选择题

1．A　2．C　3．A　4．D　5．D

二、简答题

1．简述一个典型 Python 文件应当具有怎样的结构。

#（1）　起始行
#（2）　模块文档（文档字符串）
#（3）　模块导入
#（4）　（全局）变量定义
#（5）　类定义（若有）
#（6）　函数定义（若有）
#（7）　主程序

2．介绍一下 Python 下 range()函数的用法。

内置 range()函数，可以生成数列，通过它，可以遍历数字序列。

range()函数基本语法如下：

```
range(start, stop[, step])
```

参数说明：

start：计数从 start 开始。默认是从 0 开始 3 结束，步长为 1。

stop：计数到 stop 结束，但不包括 stop。

step：步长，默认为 1。例如：range e(0,4)等价于 range(0, 4, 1)

步长可以为正数也为负数，为正表示从左到右切片，反之为右到左。

3．简述 Python 中 break 和 continue 语句的作用和区别。

终止 for 或 while 循环，可以采用 break 语句跳出 for 和 while 的循环体，任何对应的 else 循环块将不被执行。当循环体内 continue 条件判断为 True 时，Python 将跳过当次循环块中的剩余语句，然后继续运行下一轮循环。

4．简述迭代器的作用。

迭代是 Python 最强大的功能之一，是访问集合元素等的可迭代对象的工具。迭代器功能特征如下：可以记住遍历的位置的对象。从集合的第一个元素开始访问，一直到所有的元素被访问完时结束。它像中国象棋的兵一直往前不后退。

5．简述生成器的作用。

Python 使用生成器对延迟操作提供了支持。所谓延迟操作，是指在需要的时候才产生结果，而不是立即产生结果。这也是生成器的主要好处。

Python 有两种不同的方式提供生成器：

生成器函数：即常规函数定义，但是，使用 yield 语句而不是 return 语句返回结果。yield 语句一次返回一个结果，在每个结果中间，挂起函数的状态，以便下次从它离开的地方继续执行生成器表达式：类似于列表推导，但是，生成器返回按需产生结果的一个对象，而不是一次构建一个结果列表。

三、编程题

1．编写程序，输入一个自然数 n，然后计算并输出前 n 个自然数的阶乘之和 $1!+2!+3!+\ldots+n!$ 的值。

```
n = int(input('请输入一个自然数：'))
#使用 result 保存最终结果，t 表示每一项
result, t = 1, 1
for i in range(2, n+1):
    #在前一项的基础上得到当前项
    t *= i
    #把当前项加到最终结果上
    result += t
print(result)
```

2．依次输入三角形的三边长，判断能否生成一个三角形。

```
a=int(input())
b=int(input())
c=int(input())
if a+b>c and b+c>a and a+c>b:
```

```
    print("能够成三角形")
else:
    print("不能够成三角形")
```

3．设计“过 8 游戏”的程序，打印出 1～100 之间除了 8 和 8 的倍数之外的所有数字，如果遇见 8 和 8 的倍数则打印“8 的倍数~”跳过本次循环。

```
#过 8 游戏，打印出 1～100 之间除了含 8 和 8 的倍数之外的所有数字
#先预设开头的数字 1
num1= 1
#打印 1～100 之间的数字
while num1 <= 100:
    #在 1～100 之间对 7 求余，然后筛选
    if not(num1 % 8 == 0):
        print("%d" % num1,end=" ")
    num1 += 1
```

第 4 章 习题参考答案

一、选择题

1．C 2．C 3．C 4．C 5．A

二、简答题

1．什么是空集合和空字典？如何创建？

python 中定义空集合 使用 set 方法：

```
list_a = set()     #定义一个空的集合.
```

python 中定义空字典使用 {} 或则使用 dict()：

```
list_b = {}        #定义一个空的字典
```

或者

```
list_c =dict()     #定义一个空的字典
```

2．列表和元组有什么异同？集合和字典有什么异同？

列表、元组、集合、字典的区别

比较项目	列表	元组	集合	字典
英文	list	tuple	set	dict
可否读写	读写	只读	读写	读写
可否重复	是	是	否	是
存储方式	值	值	键（不能重复）	键值对（键不能重复）
是否有序	有序	有序	无序	无序，自动正序
初始化	[1,’a’]	(‘a’,1)	set([1,2])或{1,2}	{‘a’:1,’b’:2}
添加	append	只读	add	d[‘key’]=’value’
读元素	l[2:]	t[0]	无	d[‘a’]

注：列表、元组、集合、字典相互转换。

三、编程题

1．一个列表，依次存放每个月对应的天数，据用户输入的月份查询该月的天数并输出。

```
lst_monthdays=[31,28,31,30,31,30,31,31,30,31,30,31]
month=eval(input("请输入月份："))
while month!=0:
  print("您好，{}月份有{}天！".format(month,lst_monthdays[month-1]))
  month=eval(input("请输入月份："))
  print("程序结束！")
```

2．利用列表计算斐波纳契数列前 30 项并输出结果。

```
def f(n):
            i,n1,n2=0,1,1
            res=[]
            while i<n:
                        res.append(n1)
                        n1,n2=n2,n1+n2
                        i=i+1
            return res
print(f(30))
```

第 5 章　习题参考解答

一、填空题

1．import
2．def
3．global
4．None
5．45
6．25
7．else 和 if

二、判断题

1．× 2．× 3．√ 4．√ 5．× 6．× 7．√ 8．√
9．× 10．× 11．√ 12．√ 13．√ 14．√ 15．× 16．√
17．× 18．× 19．× 20．√

三、简答题

在 Python 里导入模块中的对象有哪几种方式？
共有三种方式，分别为：
1．导入整个模块，使用 import 关键词，如：

```
import math
```

2．使用 from 关键词导入模块的单一对象，如：

```
from bs4 import beautifulsoup
```

3．使用 from 关键词导入模块的多个对象，如：

```
from math import sin, cos, exp
```

第 6 章　习题参考解答

一、选择题

1．C　2．C　3．D　4．C　5．A

二、填空题

1．属性引用和实例化
2．构造函数或初始化方法
3．class
4．复写或者覆盖
5．类 C

三、编程题

1．编写程序，定义一个 Circle 类，根据圆的半径求周长和面积。再由 Circle 类创建两个圆对象，其半径分别为 5 和 10，要求输出各自的周长和面积。

```
from    cmath    import pi
class circle:
def _ _init_ _(self,r)
      Self.r=r
def    get(self):
      L=round(2*pi*self.r,2)
      A=round(pi * self.r ** 2,2)
      Result=“面积：{}”.format(a)+“周长：{}”.format(1)
      Return result
   输出结果：
   print(Circle(5).get())
   print(Circle(10).get())
```

2．请为学校图书管理系统设计一个管理员类和一个学生类。其中，管理员信息包括工号、年龄、姓名和工资；学生信息包括学号、年龄、姓名、所借图书和借书日期。最后编写一个测试程序对产生的类的功能进行验证。建议：尝试引入一个基类，使用集成来简化设计。

```
class Base:
    def __init__(self, id, name, age):
        self.id = id
        self.name = name
        self.age = age
```

```
class Admin(Base):
    def __init__(self, id, name, age, wage):
        super().__init__(id, name, age)
        self.wage = wage
    def __str__(self):
        return "我是管理员{}，今年{}岁，工号：{}，工资：{}元/月".format(self.name, self.age, self.id,
            self.wage)
class Student(Base):
    def __init__(self, id, name, age, book_name, borrow_date):
        super().__init__(id, name, age)
        self.book_name = book_name
        self.borrow_date = borrow_date
    def __str__(self):
        return "我是学生{}，今年{}岁，学号：{}，我在{}借一本书叫《{}》".format(self.name, self.age,
            self.id, self.borrow_date, self.book_name
```

3．用 Python 定义一个圆柱体类 Cylinder，包含底面半径和高两个属性（数据成员），一个可以计算圆柱体体积的方法。然后编写相关程序测试相关功能。

```
import   math
class Cylinder():   #定义类
    def __init__(self,r,h):   #包含两个属性
        self.r=r
        self.h=h
    def volume(self):   #定义方法
        V=self.h * math.pi * self.r**2
        print(V)
c1=Cylinder(10,10)   #实例化一个底面半径为 10，高为 10 的圆柱体
c1.volume()   #输出体积
```

第 7 章　习题参考解答

一、选择题

1．B　　2．D　　3．B　　4．C　　5．B

二、填空题

1．exists()
2．列表
3．文件夹
4．tell
5．open

三、编程题

1．编写一个程序建立一个文本文件 abc.txt，向其中写入“abc\n”并存盘，查看 abc.txt

是几个字节文件，说明为什么。

```
def test1():
    with open("abc.txt", "a") as f:
        f.write("abc\n")
#test1()
#4 个字符
```

2．用 Windows 记事本编写一个文本文件 xyz.txt，在其中存入“123”后按 Enter 键换行，存盘后查看文件应是 5 个字节长，用 read(1)读该文件，看看要读 5 次还是 4 次就把文件读完，为什么？编写程序验证。

```
def test2():
    with open("abc.txt", "r") as f:
        i = 0
        while True:
            f1 = f.read(1)
            i += 1
            print("i", i)
            if f1 == "":
                return False
            print(f1)
#test2()    #读 5 次
```

3．编写程序查找某个单词（键盘输入）所出现的行号及该行的内容，并统计该单词在文件共出现多少次。

```
def test3():
    word = input("输入一个单词")
    with open("abc.txt", "r") as f:
        #f.count(word)
        i = 0
        line_num = 0
        for line in f:
            line_num += 1
            if word in line:
                i += 1
                print(line_num, line.strip())
                #print(i)
        print(i)
```

4．设一个文本文件 marks.txt 中存储了学生姓名及成绩如下：

张山　96
王伟　95
......

每行为学生姓名与成绩，编写一个程序读取这些学生的姓名与成绩并按照成绩从高到低的顺序输出到另外一个文件 sorted.txt 中。

```
def test4():
    marks = []
    lis = []
    with open("marks.txt", "r") as f:
```

```
print(type(f))
print(f)
for line in f:
    lis.append(line.rstrip().split(" "))
    mark = int(line.rstrip().split(" ")[-1])
    marks.append(mark)

marks.sort(reverse=True)
for i in range(len(marks)):
    for j in range(len(lis)):
        if int(lis[j][1]) == marks[i]:
            s = lis[j][0] + ' ' + lis[j][1] + "\n"
            with open("sorted.txt", "a") as f:
                f.write(s)
```

第 8 章　习题参考答案

一、选择题

1．D　2．B　3．A　4．A　5．B

二、简答题

1．创建 GUI 的步骤是什么？

创建一个 GUI 程序的步骤如下：

（1）创建主窗口。

（2）在主窗口添加控件并设置属性。

（3）调整对象的大小和位置。可以使用 pack()、grid()、place()等函数。

（4）为控件定义事件处理程序。

（5）进入主事件循环 mainloop()。

2．Python 常用控件有哪些？

Tkinter 常用控件功能

控件	描述	控件	描述
Button	按钮，用于执行命令	Canvas	画布，用于画图
Checkbutton	多选框，用于选择多个按钮	Entry	单行文本框，用于输入、编辑一行文本
Frame	框架，是容器控件	Label	标签，用于显示说明文字
Listbox	列表	Menubutton	显示菜单项
Menu	显示菜单栏、下拉菜单和弹出菜单	Message	显示多行文本，与 Label 类似
Radiobutton	单选的按钮，用于从多个选项中选择一个	Scale	显示一个数值刻度，为输出限定范围的数字区间

续表

控件	描述	控件	描述
Scrollba	滚动条控件，当内容超过可视化区域时使用	Text	多行文本框，用于输入、编辑多行文本，支持嵌入图形
Toplevel	用来提供一个单独的对话框，和Frame 类似	Spinbox	与 Entry 类似，但是可以指定输入范围值
PanedWindow	一个窗口布局管理的插件，可以包含一个或者多个子控件	LabelFrame	简单的容器控件，常用于复杂的窗口布局

3．什么叫事件绑定？事件绑定的方式有哪些？

所谓事件（event）就是当程序上发生操作时，程序发生的响应。如当用户按键盘上的某一个键、单击或者移动鼠标时，对于这些事件，程序需要做出反应。Tkinter 提供的组件通常都包含许多内在行为，例如按键盘上的某些按键，所输入的内容就会显示在对应的输入栏内。

Tkinter 的事件处理可以创建、修改或者删除这些方法。事件处理者是当事件发生的时候被调用的程序中的某个函数。可以通过绑定 bind()方法将事件与事件处理函数完成绑定。

Tkinter 通过队列来指定完成的事件。事件队列是包含了多个或一个事件类型的字符串。每一个事件的类型都指定了一项事件，当有多项事件的类型包含在事件队列中时，当且仅当描述符中全部事件发生时才会调用处理函数。

鼠标事件和键盘事件。

三、编程题

1．创建 GUI 界面，当单击按钮时，可以在界面中显示“hello,python!”。

```
from tkinter import *
w=Tk()
#添加标题
w.title("MY GUI")
#创建一个标签，text 为标签上显示的内容
lbl=Label(w, text="MY Label").pack()
#当 bt 被单击时，该函数则生效
def clickMe():
    #设置 button 显示的内容
    bt.configure(text="Hello Python！ **")

#创建一个按钮，text 为按钮上面显示的文字
bt=Button(w, text="Click Me!", command=clickMe)

#command：当这个按钮被单击之后会调用 command()函数
bt.pack()
w.mainloop()
```

2．略

第 9 章 习题参考解答

一、选择题

1．B 2．A 3．C

二、填空题

1．DB Browser
2．modify
3．关联式、层次式、网状式
4．SQLite
5．PyMySQL

三、简答题

1．SQLite 数据库的特点有哪些？
（1）SQLite 的优点。

- 源代码不受版权限制，自由、开源和免费。
- 无服务器，不需要一个单独的服务器进程或者操作的系统。
- 一个 SQLite 数据库是存储在一个单一的跨平台的磁盘文件中。
- 零配置，因为其本身就是一个文件，不需要安装或管理，轻松携带。
- 不需要任何外部的依赖，所有的操作等功能全部都在自身集成。
- 轻量级，SQLite 本身是 C 语言写的，体积很小，经常被集成到各种应用程序中。

（2）SQLite 的缺点。

- 缺乏用户管理和安全功能。
- 只能本地嵌入，无法被远程的客户端访问，需要上层应用来处理这些事情。
- 不适合大数据。
- 适合单线程访问，对多线程高并发的场景不适用。
- 各种数据库高级特性它都不支持，比如管理工具、分析工具、维护等等。

2．简述安装 PyMySQL 模块的步骤。
在 cmd 命令行输入 pip install pymysql 安装，import pymysql 导入。

第 10 章 习题参考解答

一、填空题

1．requests
2．headers
3．200

4．BeautifulSoup

5．lxml

二、选择题

1．B　　2．D　　3．C

三、简答题

1．在浏览器的“开发人员工具”里面找到网络分页，任选一个元素，从标头的分页中找到需要的信息，其中必需的是 User-Agent 信息。

2．当使用 requests 模块将网页内容获取回来之后，可以使用 Beautiful Soup 搭配 lxml 解析工具来进行过滤，使用 find_all()函数，搭配所需要的条件，可以找出所有符合条件的 DIV 容器。

读书笔记